DECORATION
DIARY

我的蛋糕美颜魔法 2

奶油霜裱花

月满西楼　檀檀烘焙／著

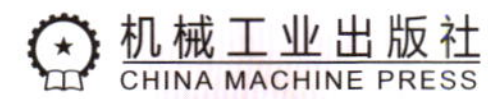
机械工业出版社
CHINA MACHINE PRESS

Foreword

序

裱花是什么？是完美的追求，是艺术的表现，是生活的向往……

魔法是什么？是苛刻的要求，是经验的整合，是率真的暗语……

热爱工作、热爱生活、热爱家庭、热爱蛋糕……每天那么忙，却又挤出时间玩蛋糕、写配方、拍照片、写文章、发博客。一个纯粹而单纯的微博控——月满西楼。

爱养花种草、爱画画、爱生活、爱走走看看，在蛋糕之路上精益求精……偶尔发博，偶尔散心，这是橦橦烘焙。

两座城市，相隔遥远的两个用心的人，无意间碰出火花，走在一起，从网友到朋友到闺蜜。平时君子之交淡如水，关键时刻互相支持；开心的时候可以无话不谈，讨论技术问题可以争得面红耳赤；吵完之后勾肩搭背，欢欢喜喜地出门觅食……

这是怎样的一种友情？

用心的人做出的蛋糕，吃过的人都说像图画、像艺术品、像花朵，每每放在眼前，都舍不得下手。待到入口，香醇无比，这哪里是外面蛋糕店能比的美味？

于是，偶尔开课，偶尔学习，生活就是这样紧凑而又散漫。这样的节奏下，即使分隔两地，依旧可以总结出诸多心得。这本书，是心血的结晶，是完美的化身。

如果你有基础，如果你有动手能力，如果你爱花草、爱蛋糕，那就不妨试试看，跟我们一起走进奶油霜裱花的美妙世界。

月满西楼（李丹）

橦橦烘焙（裴晓华）

2018 年 2 月

DECORATION DIA

P r e f a c e

卷首语

写在开始之前

本书中提到的所有裱花嘴，均使用韩式裱花嘴。在每一个花朵的裱花方法前面，都有花嘴图。其中“韩式手工玫瑰花嘴”，系纯手工制作，没有标号，只有示范图上的大中小三个规格。

裱花是一个循序渐进的练习过程，对奶油霜的掌控不是一天两天就能一蹴而就的。

裱花是一项需要动手才能练就的技能,纸上谈兵不可行,勤于练习才是根本。

本书主要讲授奶油霜裱花知识，需要了解零基础蛋糕表面装饰的朋友，可参考2014年出版的《我的蛋糕美颜魔法》一书。

Contents
目 录

C o n t e n t s
目 录

一、基础章

DECORATION DIARY

厨师机

量杯

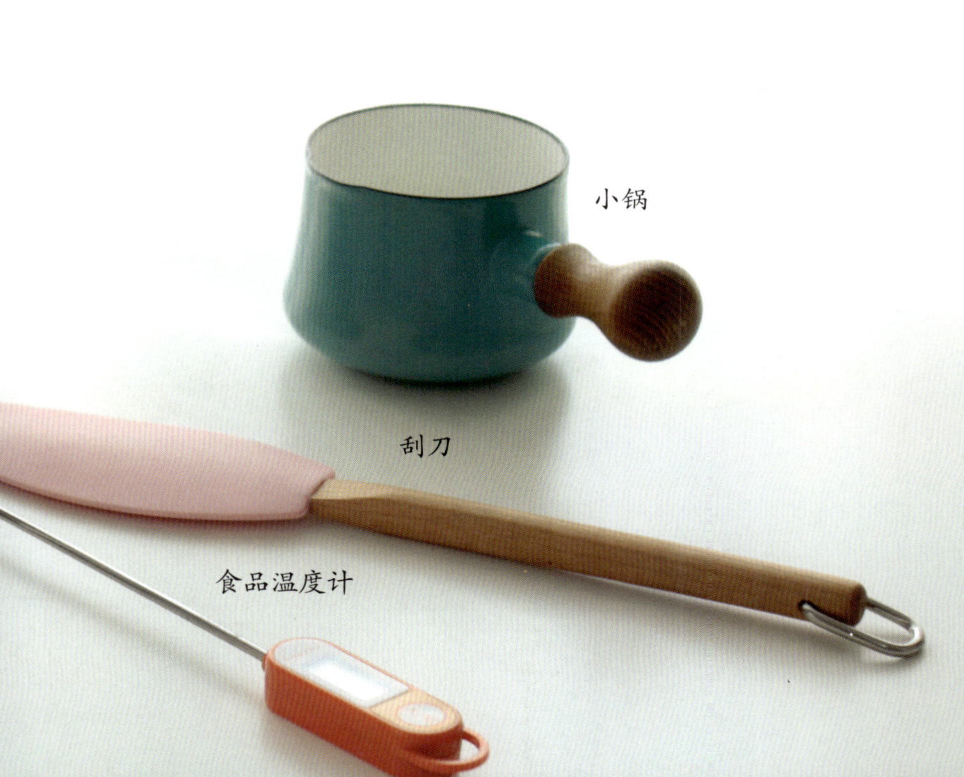
小锅
刮刀
食品温度计

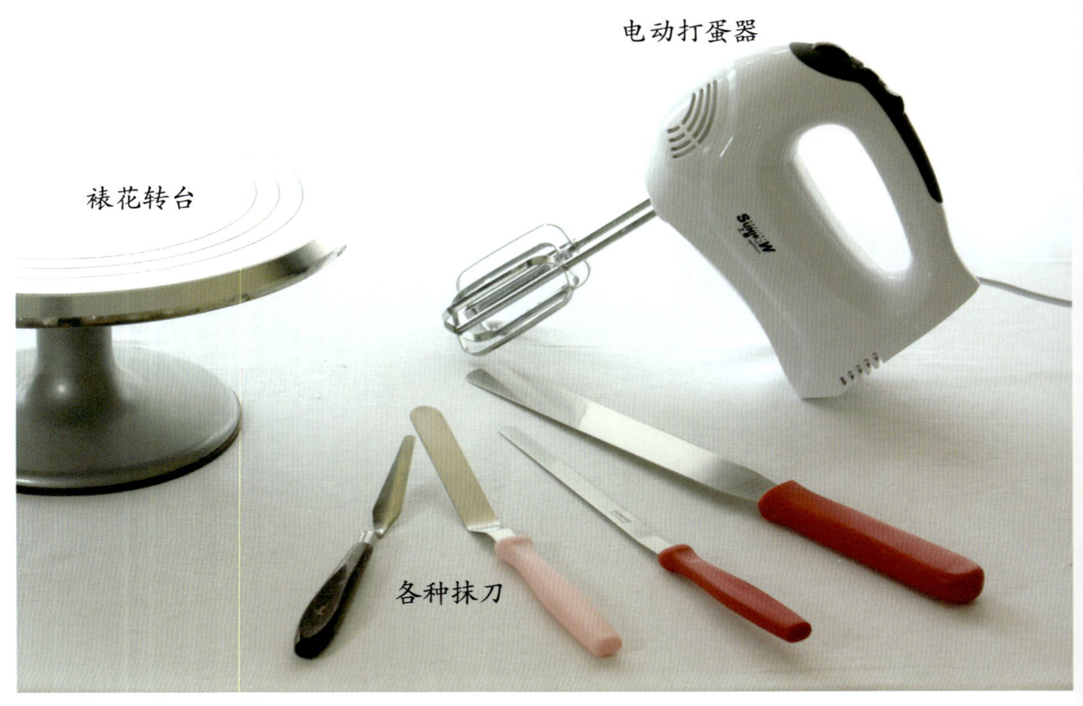
电动打蛋器
裱花转台
各种抹刀

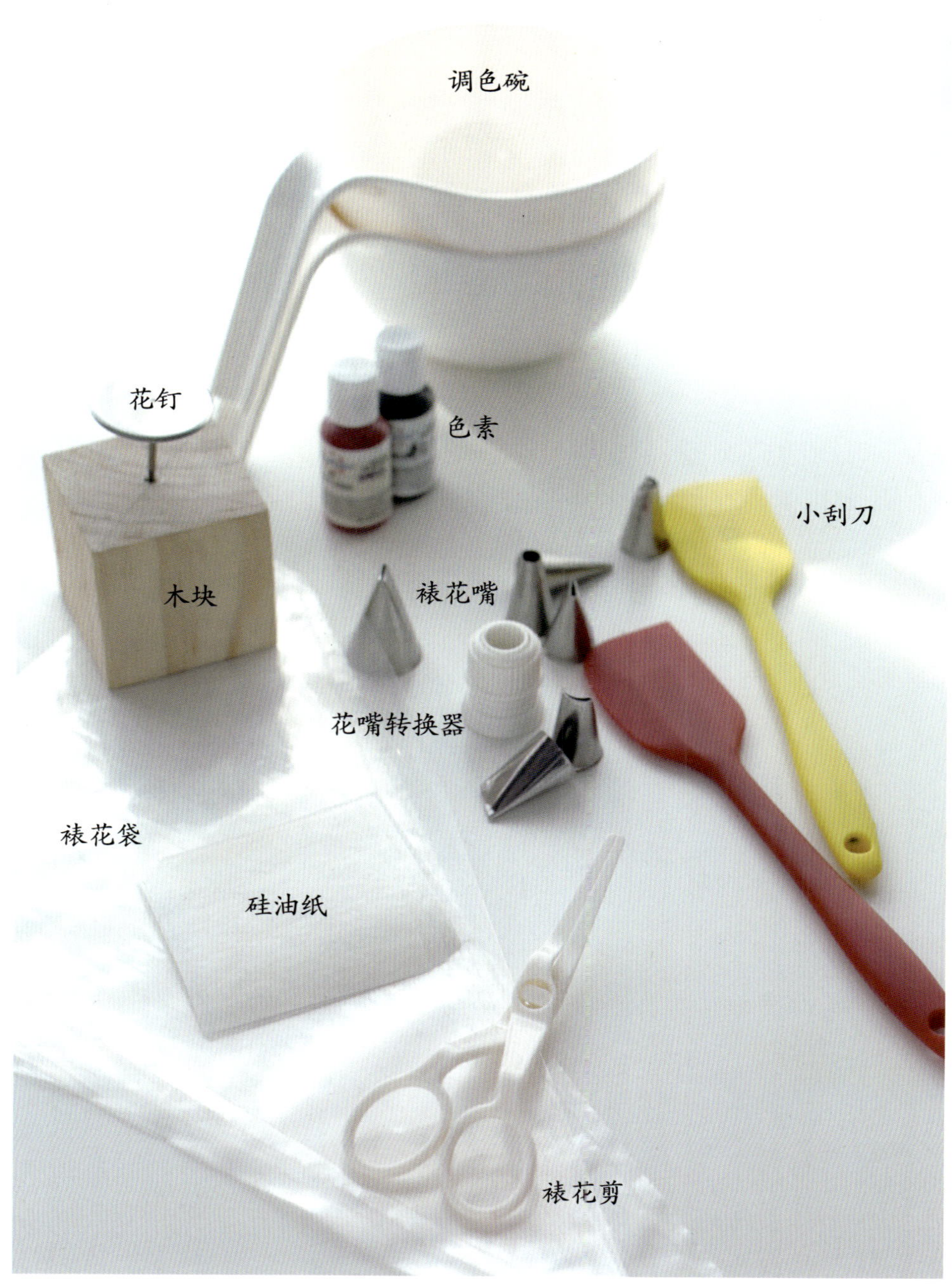
调色碗
花钉
色素
小刮刀
裱花嘴
木块
花嘴转换器
裱花袋
硅油纸
裱花剪

戚风蛋糕用量表

材料	15~16cm 直径烤模（6 英寸[1]）	18cm 直径的烤模（7 英寸）	22cm 直径的烤模（8 英寸）
鸡蛋	2 个	3 个	4 个
玉米油（或色拉油）	27g	40g	53g
牛奶（水或果汁）	35g	50g	67g
盐	微量	微量	微量
低筋粉	60g	90g	115g
白砂糖（配蛋黄用）	14g	20g	26g
白砂糖（配蛋白用）	32g	50g	67 g
柠檬汁（或白醋）	少量	少量	少量
香草精	适量	适量	适量
烘烤时间	130℃ / 50 分钟	130℃ / 55 分钟	130℃ / 60 分钟

7 英寸戚风蛋糕

材料：

鸡蛋 3 个

玉米油 40g

牛奶 50g

盐微量

柠檬汁少量

香草精适量

低筋粉 90g

白砂糖 70g（蛋黄用 20g，蛋白用 50g）

---

[1] 1 英寸（in）=2.54 厘米（cm）。

1	2	3
4		5
6	7	8

制作过程：

1. 将蛋黄蛋清分离，分别放入玻璃碗中。
2. 蛋黄中加入白砂糖和盐，搅打至蛋黄发白，白砂糖融化。
3. 将牛奶和玉米油倒入另一玻璃碗中，搅打至乳化状态。将步骤 3 倒入步骤 2 中，拌匀。
4. 筛入低筋粉，用打蛋器快速拌匀至无光滑无颗粒，再滴入香草精拌匀。此时预热烤箱，设置上下火 130℃。
5. 在蛋清碗中滴入柠檬汁，打蛋器调至中速，蛋清打至起鱼眼泡；加入 1/3 的白砂糖，继续打至细泡，再加入 1/3 的白砂糖，打至蛋白略有纹路；加入剩下的白砂糖，打至蛋白成干性发泡，用打蛋头拉起，蛋清成直立小尖角状态。
6. 将打发好的蛋清分三次，与蛋黄糊翻拌均匀。
7. 倒入直径 7 英寸的模具中，轻轻震动模具，震出气泡后，入烤箱中下层，130℃上下火，55 分钟。
8. 烤好后立即取出，倒扣在晾架上，直至完全凉透再脱模。

小贴士：

- 打蛋的容器必须无油无水。
- 分蛋的时候注意，蛋黄不要混入蛋白中。
- 乳化状态是指：水油混合，没有明显的油珠附在液体表面，成乳液状态。
- 没有香草精可不加。
- 不同的烤箱，温度有差异，请根据自己烤箱的实际情况调整时间和温度。

纸杯戚风

材料和做法参照戚风的蛋糕制作（P17）

将做好的面糊挤入纸托中，至八分满即可。

140℃ / 50 分钟，烤好后无须倒扣，完全凉透后即可食用。

韩式奶油霜

材料：

无盐黄油 1000g

白砂糖 370g

水 100ml

蛋清 300g

1	2
3	4

制作过程：

黄油室温软化备用。

1. 将蛋清倒入厨师机中，打至湿性发泡，拉起成弯钩状态。打发蛋清的同时煮糖水，将水和白砂糖倒入小锅中，加温至 118℃。
2. 将煮好的糖水缓慢倒入蛋清中，厨师机调至中速打蛋清并使其降至室温。
3. 将软化的黄油切小块，放入步骤 2 中，继续搅打，使蛋白霜和黄油混合均匀，呈顺滑状态。

小贴士：

- 在进行步骤 2 的时候，须注意，糖水必须缓慢倒入，防止蛋白结块。
- 在整个混合搅打过程中，偶尔需要停机，将盆壁上的奶油霜刮到容器底部，保证所有奶油霜都能混合均匀。
- 在进行步骤 3 的时候，会因为温度原因，出现奶油不融合，成豆腐渣状态（如上页图 4），此时继续搅打，至水油混合均匀，奶油霜呈顺滑状态即可。

说明：

若制作少量奶油霜，可以用手动打蛋器操作，如果最后出现奶油成豆腐渣状态，可以参考《我的蛋糕美颜魔法》P31 中所说，将装奶油霜的容器坐入 35℃的温水中，迅速搅打，待奶油霜状态柔滑时，立即将容器从温水中取出。

韩式透明奶油霜

材料：

韩国黄油 1000g

蛋清 265g

水 110ml

白砂糖 400g（蛋清用 135g，煮糖水用 265g）

制作过程：

黄油室温软化备用

1. 将蛋清打至起鱼眼泡，再加入 135g 白砂糖，打至硬性发泡。打发蛋白的同时煮糖水，将水和白砂糖倒入小锅中，煮至 118℃。
2. 将煮好的糖水缓慢冲入打发好的蛋白中，厨师机调至中速打蛋白并降至室温。入冰箱冷藏至 0℃。
3. 将软化的黄油切小块，放入冷藏过的蛋白霜中，继续搅打，使蛋白霜和黄油混合均匀，成顺滑状态。

小贴士：

- 韩国黄油比其他品牌的黄油更白，做出的奶油霜用来裱花，花瓣会更透亮。可用市场上颜色比较白的无盐黄油替代。

简易奶油霜

材料：

无盐黄油 200g

动物淡奶油 100g

糖粉 50g

制作过程：

黄油室温软化备用，淡奶油放至室温。

1. 在黄油中分两次加入糖粉，搅打均匀。
2. 动物淡奶油分 4~5 次加入步骤 1 中，搅打均匀。

小贴士：

- 黄油不需要打发。
- 冬天可将动物淡奶油隔温水加温至 20℃。
- 简易奶油霜不易保存，建议现打现用。

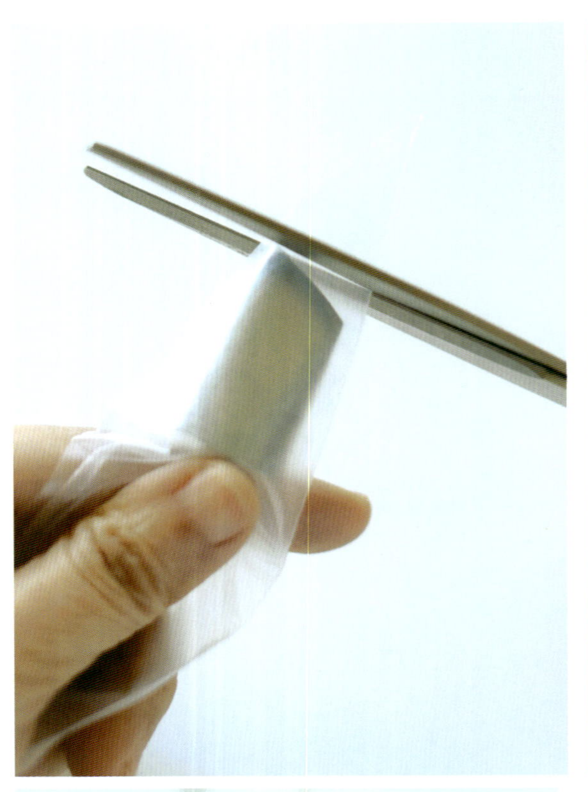

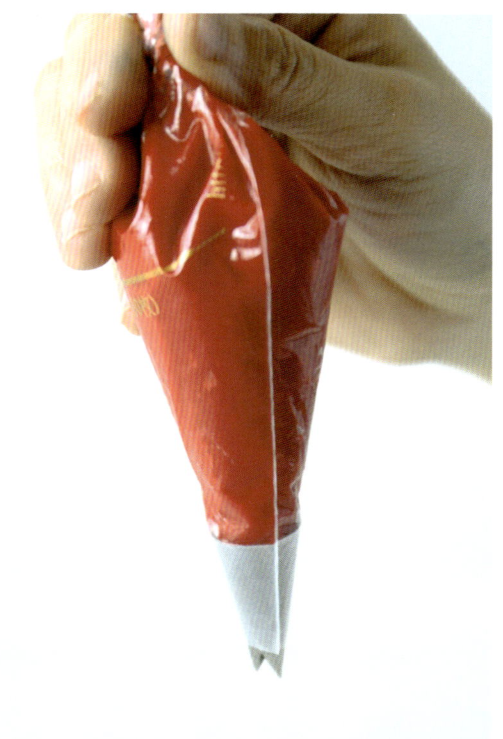

如何装裱花袋

制作过程：

1. 将花嘴放入裱花袋，根据花嘴开口大小，剪出适合的开口。
2. 将裱花嘴挤到前端，塞紧。
3. 装入奶油霜，用刮板将奶油霜推至裱花袋顶部。
4. 拧紧裱花袋上方。
5. 在拇指上绕一圈，固定裱花袋。

色彩

原色：

指的是三种基本颜色，即红、黄、蓝。三原色可以混合调配其他颜色。

间色：

由三原色等量调配而成的颜色，叫做间色。

比如：红 + 黄 = 橙色　　红 + 蓝 = 紫色　　黄 + 蓝 = 绿色

复色：

用任何两个间色或三个原色相混合而产生出来的颜色叫复色。

比如：红 + 橙 = 橙红色　　红 + 紫 = 紫红色　　蓝 + 紫 = 蓝紫色

蓝 + 绿 = 蓝绿色　　黄 + 橙 = 橙黄色　　黄 + 绿 = 黄绿色

……

1	2
3	4

奶油霜调色

一般色彩的调制：

1. 调制较深的色彩，需要色素量较多，直接按需挤到奶油霜上，搅拌均匀即可。
2. 调制浅色奶油霜，只需用牙签挑取少量色素，搅拌均匀即可。

特殊颜色的调制：

红色、蓝色、黑色奶油霜比较难调制。

调制大红色奶油霜时，挤入足量的色素（如上页图 1），搅拌均匀，然后装入碗中隔温水搅拌，至颜色鲜艳，呈明亮的正红色（如上页图 2）。

用色素调蓝色、黑色及其他深色的奶油霜，都可按以上方法操作。

如果黑色难以控制，可采用食用竹炭粉，比较容易上色。（如上页图 3）

调制灰色，可用微量黑色色素调制。

调制天蓝色时，因为奶油霜本身带乳黄色，少量加天蓝色的时候，奶油霜会呈现浅浅的绿色，所以要多次微量添加，不宜一次滴入大量色素。

关于互补色：

红 - 绿　黄 - 紫　蓝 - 橙

当两互补色混合在一起的时候，它们会降低对方的亮度，比如我们调圣诞色系的时候，会在红色里面加微量的绿色让红色沉下来，没有那么艳丽，也会在叶子绿里面加微量的红色让绿色不会那么明亮。（如上页图 4）

二、奶油霜裱花

DECORATION DIARY

1 2 3

大玫瑰

花嘴：韩式手工玫瑰花嘴

1. 左手持裱花钉，右手将裱花袋垂直于花钉上挤出锥形底托。（如图 1）
2. 花嘴贴住花芯上半部分，左手慢慢转动花钉，右手围绕花芯，沿顺时针方向，均匀用力挤出奶油霜，包裹花芯。（如图 2-3）

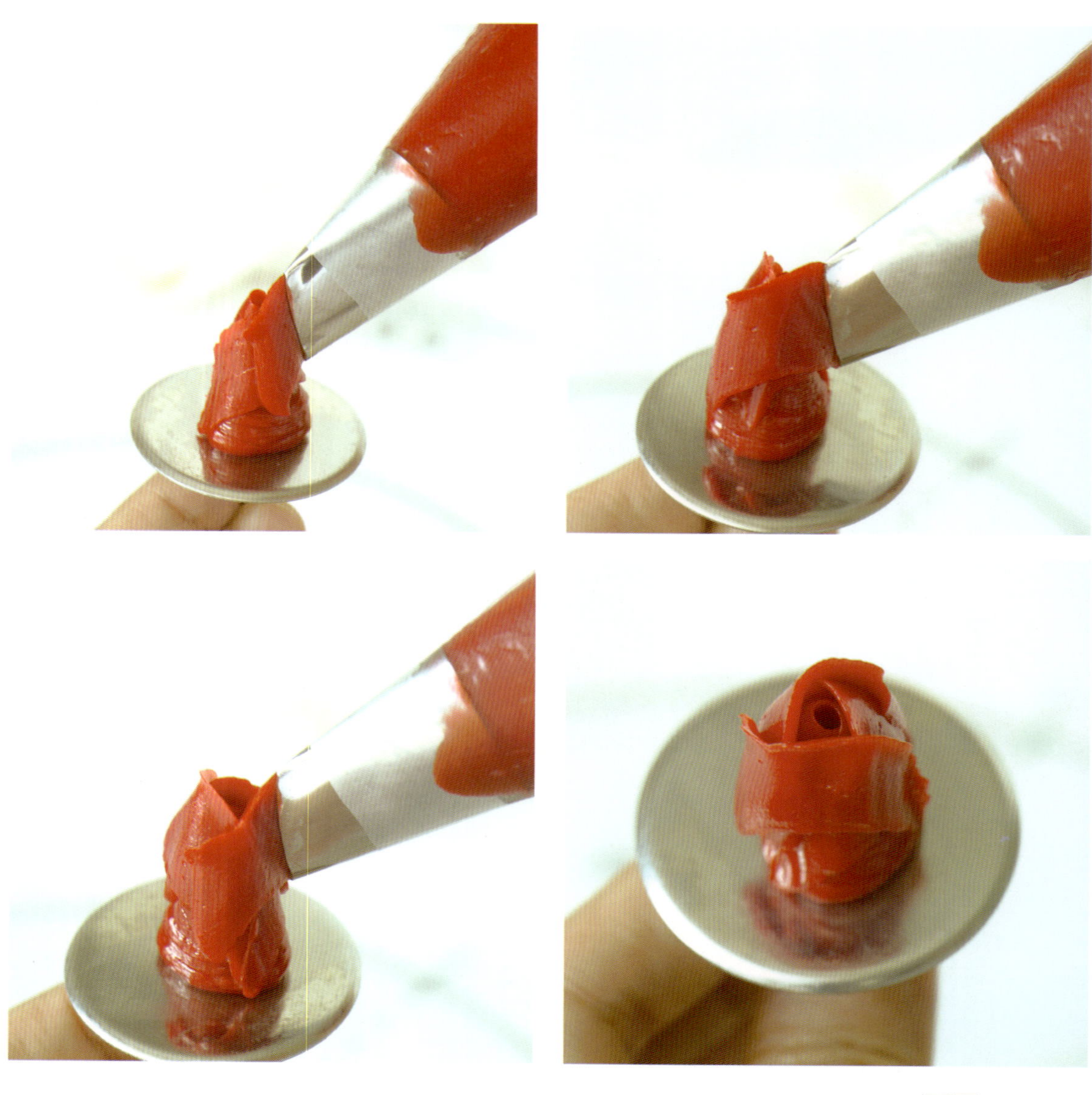

3. 左手轻缓转动花钉，右手同时均匀用力，往前拉出弧形，挤出第一片花瓣。（如图 4）

4. 在第一片花瓣的 1/2 处，按步骤 3 的手法，挤出第二片花瓣。（如图 5）

5. 按同样的方法挤出第三片花瓣，与前两片一起，将花芯包围。（如图 6-7）

8 9 10

6. 此后，重复步骤 3 的动作，挤出第二层的 5 片花瓣。（如图 8-9）
7. 继续重复前面的步骤，挤出第三层和第四层花瓣。

注意：

大玫瑰一般裱四层，花瓣以 3–5–5–5 或 3–5–5–7 布局，裱出整朵玫瑰。

Happy
Birthday

玫瑰花蕾

1	2
3	4

花嘴：韩式手工玫瑰花嘴

玫瑰花蕾的裱花方法，参见 P37 的大玫瑰裱花方法。

小玫瑰花蕾建议：花瓣以 1-3 布局

大玫瑰花蕾建议：花瓣以 1-3-5 布局

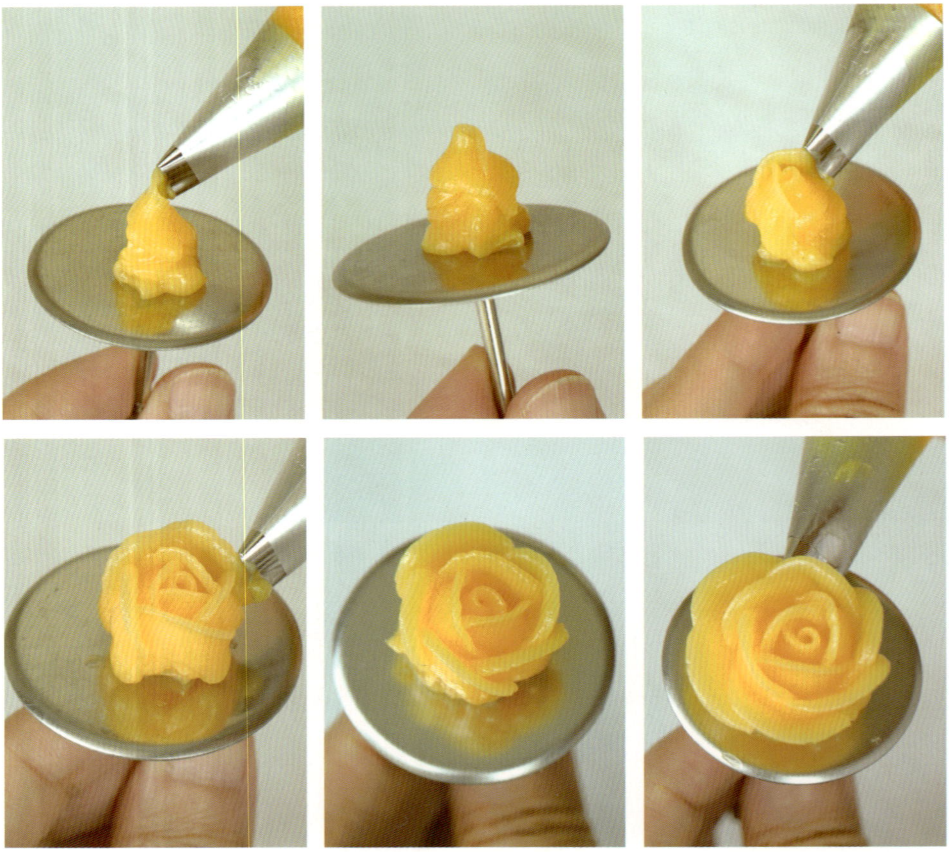

卷边玫瑰

1	2	3
4	5	6

花嘴：97 号

1. 左手持裱花钉，右手将韩式手工玫瑰花嘴垂直于花钉上挤出底托。
2. 花嘴贴住花芯上半部分，左手慢慢转动花钉，右手围绕花芯，沿顺时针方向均匀用力挤出奶油霜，包裹花芯。
3. 左手轻缓转动花钉，右手同时均匀用力，由外向内拉出弧形，挤出第一片花瓣。

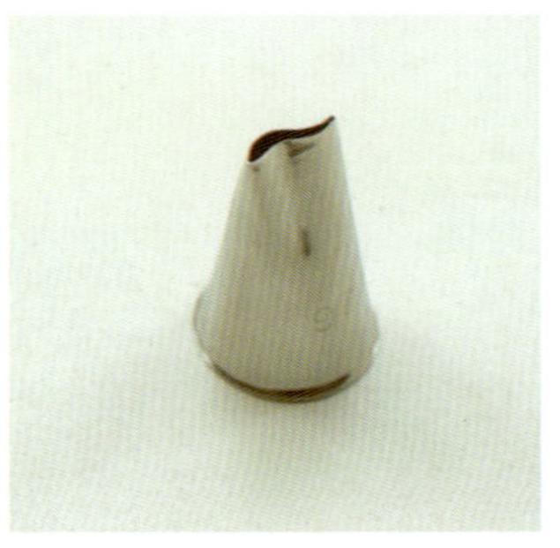

4. 在第一片花瓣的1/2处，按步骤3的手法，挤出第二片花瓣。按同样的方法挤出第三片花瓣，与前两片一起，将花芯包围。（图3）
5. 此后，重复步骤3的动作，挤出第二层5片花瓣。（图4-5）
6. 按步骤3的动作，花嘴向外略倾斜，挤出第三层7片花瓣，让花朵呈开放状态。（图6）

小贴士：

- 卷边玫瑰的花瓣方向，跟大玫瑰相反。
- 卷边玫瑰以小巧为特点，常规可裱3层，花瓣以1-3-5布局；若做开放状态可裱4层，最外层花瓣裱花嘴略往外倾斜，花瓣以1-3-5-7布局。

香槟玫瑰

1 2

花嘴：124k

香槟玫瑰的裱花方法与大玫瑰相同，只是花嘴型号和花瓣布局不同。

1. 左手持裱花钉，右手将 124k 花嘴垂直于花钉上挤出锥形底托。（如图 1）
2. 花嘴贴住花芯上半部分，左手慢慢转动花钉，右手围绕花芯，沿顺时针方向，均匀用力挤出奶油霜，包裹花芯。（如图 2）

3 4

3. 左手轻缓转动花钉，右手同时均匀用力，往前拉出弧形，挤出第一片花瓣。

4. 在第一片花瓣的 1/2 处，按步骤 3 的手法，挤出第二片花瓣。

5. 以同样方法挤出第三片花瓣，与前两片一起，将花芯包围。（如图 3）

5

6. 此后，重复步骤 3 的动作，花嘴向外略倾斜，挤出第二层 4 片花瓣。（如图 4）
7. 香槟玫瑰比较小，一般挤三层，花瓣以 3-4-4 布局，裱出整朵玫瑰。（如图 5）

多层玫瑰花

花嘴：韩式手工玫瑰花嘴

1. 参照 P37 大玫瑰的步骤 1~6，挤出三层花瓣，花瓣以 1-3-5 布局。
2. 按上述方法继续挤出外围花瓣，花瓣逐层加长，最外围两层，花嘴小头略向外倾斜，使拉出的花瓣呈开放状态。

1	2	3
4	5	6

小贴士：

❖ 外层花瓣数量根据花型自行调整，自然美观即可。

1 2

褶皱玫瑰花

花嘴：124k

1. 左手持裱花钉，右手将 124k 号花嘴垂直于花钉上挤出底托。花嘴贴住花芯上半部分，左手慢慢转动花钉，右手围绕花芯，沿顺时针方向，均匀用力挤出奶油霜，包裹花芯。（如图 1）
2. 左手轻缓转动花钉，右手同时均匀用力，紧贴底托上部往前拉出弧形，挤出第一片花瓣。

3 4

3. 在第一片花瓣的 1/2 处，按步骤 2 的手法，挤出第二片花瓣。

4. 按同样方法挤出第三片花瓣，与前两片一起，将花芯包围。（如图 2）

5 6

5. 紧贴上一层花瓣，抖动花嘴挤出褶皱状花瓣。（如图 3-4）

6. 重复步骤 5 挤出数层花瓣。（如图 5-6）

小贴士：

❖ 褶皱玫瑰，形态自然，因此花瓣没有固定长短规律。

大丽花

花嘴：80 号、2 号

1. 左手持裱花钉，右手将 80 号花嘴垂直于花钉上挤出圆形大底托，用 2 号花嘴在其上方再挤一个小圆形。
2. 2 号花嘴弧形贴紧小圆形底部，挤出花蕊，往外轻拉，再向内扣回，包住小圆形顶部，重复此步骤形成花芯。（如图 2-3）

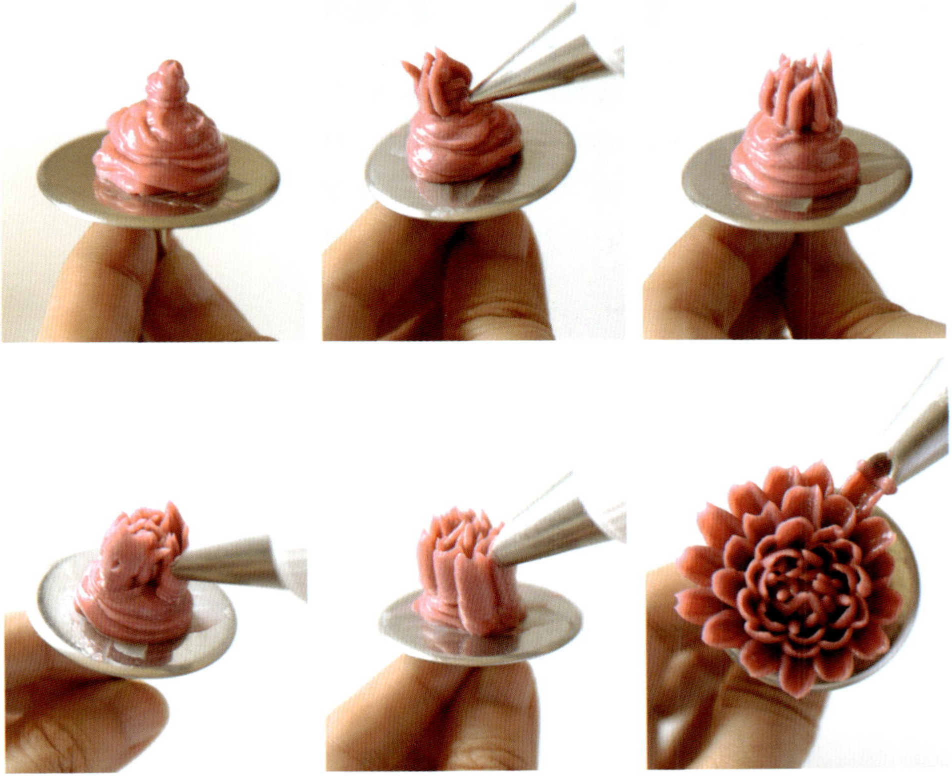

1	2	3
4	5	6

3. 80 号花嘴垂直，将弧形部分紧贴花蕊根部，依次挤出第一圈花瓣。（如图 4）
4. 按步骤 3 的方法，从底托根部，挤出一圈直立的花瓣。（如图 5）
5. 在第三层花瓣的外围，垂直花嘴挤出花瓣，到 1/2 的高度，向外轻拉，缓慢收力，形成向外开放的花瓣。
6. 按步骤 5 的方法，挤出最后一圈花瓣。（如图 6）

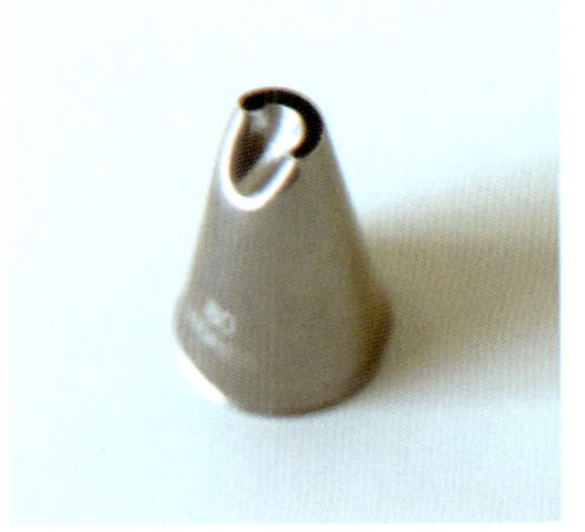

菊花 1

花嘴：80 号

1. 左手持裱花钉，右手将 80 号花嘴垂直于花钉上挤出圆形底托。
2. 花嘴垂直，在底托中心依次挤出 4 片花瓣，每片花瓣叠在相邻花瓣的 1/2 处，形成花芯。

注意：

花瓣不要挤太高。

1	2	3
4	5	6

3. 花嘴垂直，紧贴花芯在周围挤出花瓣。（如图 3-4）
4. 按步骤 3 的手法，挤出第三层花瓣。（如图 5）
5. 在第三层花瓣的外围，垂直花嘴挤出花瓣，到 1/2 的高度，向外轻拉，缓慢收力，形成向外开放的花瓣。（如图 6）
6. 按步骤 5 的方法，挤出最后一圈花瓣。

菊花 2

1	2
3	4

花嘴：80 号

1. 左手持裱花钉，右手将 80 号花嘴垂直于花钉上挤出圆形大底托，在其上方再挤一个小圆形，整体呈葫芦状。
2. 花嘴的弧形内侧贴紧葫芦形底托的腰部，挤出花瓣，往外轻拉，再向内扣回，包住底托顶部，形

成第一片花瓣。

3. 按照步骤 2 的方法，依次挤出花瓣，包住花芯。

4. 花嘴垂直，紧贴花芯在周围挤出花瓣。

5. 在第三层花瓣的外围，垂直花嘴挤出花瓣，到 1/2 的高度，向外轻拉，缓慢收力，形成向外开放的花瓣。

6. 按步骤 5 的方法，挤出最后一圈花瓣。（步骤 5-6 可参考 P57“菊花 1”步骤 5-6 的裱花方法）

小贴士：

- 这种菊花花型属于比较自然的形态，花瓣比较随意，没有特别固定的形态和数量，这样反而更加自然。所以，在裱花过程中，不要过分拘泥于花瓣的排列。
- 为了使花瓣更自然生动，可采用混色法，即在裱花袋内，先后装入深浅色奶油霜，使花瓣内外颜色由深到浅自然过度。

五瓣花

花嘴：104 号

1. 在花钉上挤少许奶油霜，粘上油纸。
2. 手持裱花袋，花嘴小头朝上，大头轻轻抵住裱花钉的中心，倾斜约 45°，轻转花嘴上部，力度均匀地向右挤出第一片花瓣。
3. 将花钉转动方向，继续按上面的步骤挤出第二片花瓣。
4. 一共挤出 5 片花瓣。用 2 号花嘴在花瓣中心点出花蕊。

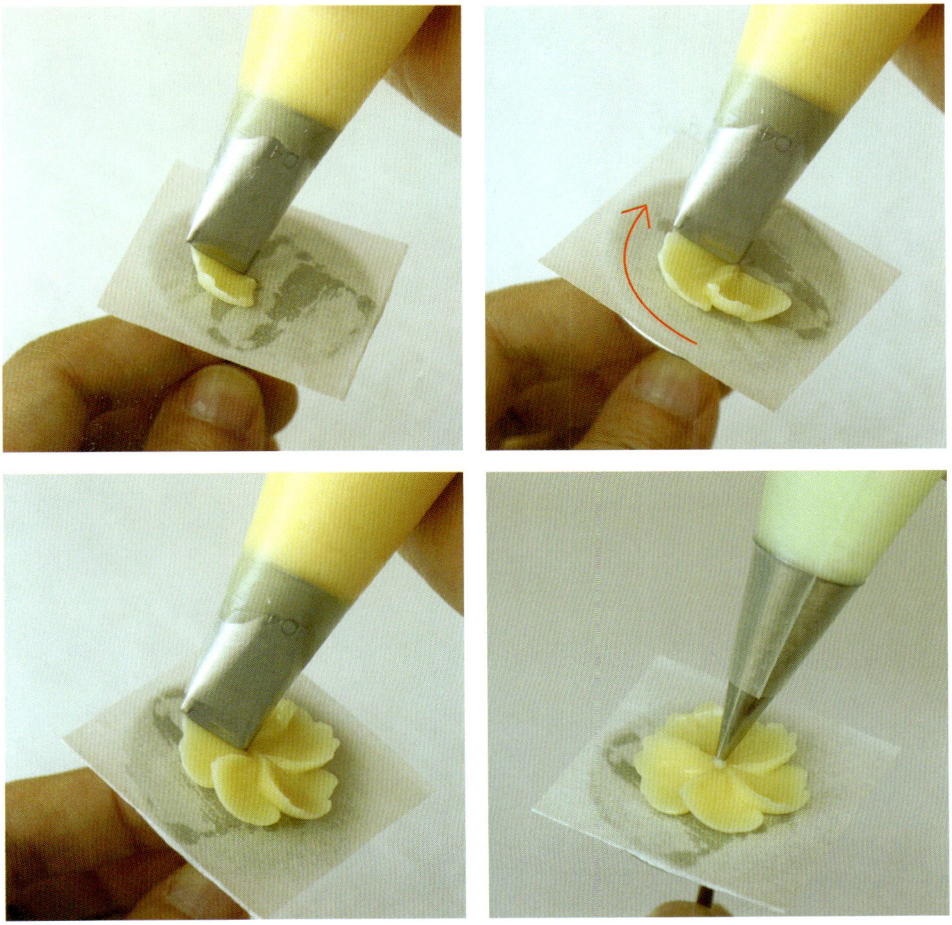

1	2
3	4

小贴士：

根据搭配需要，可选择 101~104 号花嘴，裱出不同大小的花朵装饰蛋糕。

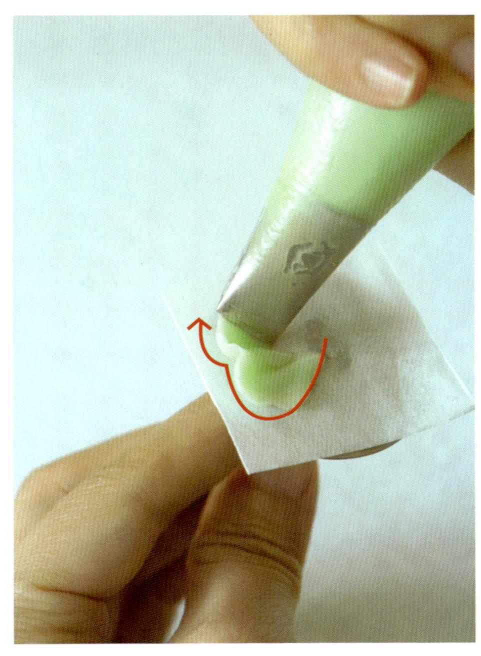

1 2

报春花

花嘴：104 号、2 号

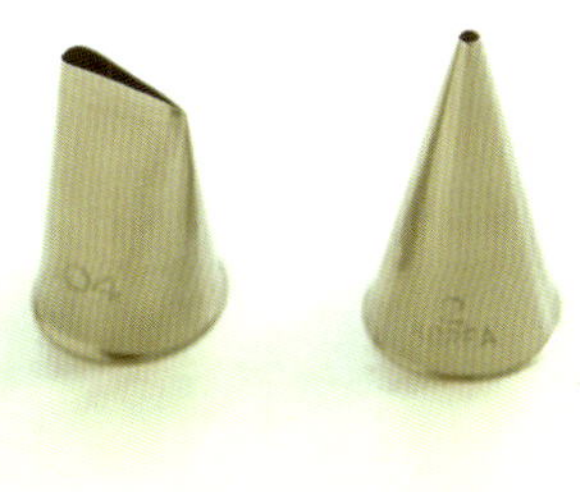

1. 在花钉上挤少许奶油霜，粘上油纸。
2. 将 104 号花嘴倾斜约 45° ，从中心向外拉出弧形，再回到中心位置，单片花瓣呈心形。（如图 1-2 ）
3. 按步骤 2 的方法，沿顺时针方向，依次挤出其余 4 片花瓣。（如图 3-5 ）

3	4
5	6

7 8

4. 用 2 号花嘴，在花朵的中心位置，挤出一个圆点。（如图 6）

5. 在圆点周围，从中心向外，拉出锥形（如图 7-8）。

绣球花

花嘴：104 号、2 号

1. 裱花嘴垂直于裱花钉的中心，挤出底托。（如图 1）
2. 将 104 号裱花嘴大头抵入奶油霜中心部位，倾斜约 45° 斜拉挤出第一片花瓣。（如图 2-3）。

1	2	3
4	5	

3. 紧贴第一片花瓣以同样方法挤出其余三片花瓣。（如图 4）。

4. 用 2 号花嘴在花瓣中心点出花蕊。（如图 5）。

小贴士：

- 绣球花一般成簇使用，具体组装方法详见 P153 。

水仙花

花嘴：104 号、103 号、2 号

1. 将 104 号花嘴倾斜约 45°，从中心向外拉出弧形再回到中心位置。
2. 按步骤 1 的方法，沿顺时针方向，依次挤出其余 5 片花瓣。
3. 用小抹刀沾取凉开水轻贴花瓣顶端边缘，往上轻推，使花瓣边缘微微上翘（如下页图 3）。
4. 将 103 号花嘴大头紧贴花芯，倾斜约 45° 挤出碗形的黄色副冠杯。
5. 在副冠杯中心，用 1 号花嘴垂直挤出花蕊。花蕊的长度不要高出副冠杯。

小贴士：

❖ 在操作步骤 3 的时候，每次推花瓣都必须沾水。

小银莲花

花嘴：104 号

1. 在花钉上挤少许奶油霜，粘上油纸。
2. 手持裱花袋，花嘴小头朝上，大头轻轻抵住裱花钉的中心，倾斜约 45°，轻转花嘴上部，力度均匀地向右挤出第一片花瓣。其方法与 P60 基础五瓣花相同。

1	2	3
4	5	6

3. 按步骤 2 的方法，挤出底层 5 片花瓣。
4. 按步骤 2 的方法，挤出第二层 4 片花瓣。
5. 用黑色奶油霜在花的中心位置，挤出小圆点，形成一圈花蕊。

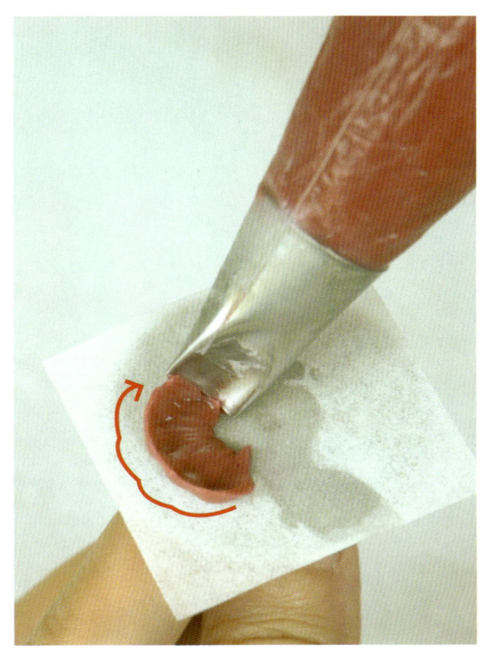

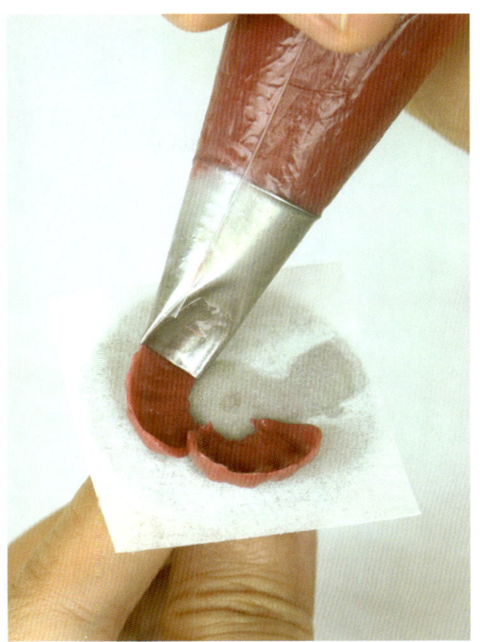

1 | 2

罂粟花

花嘴：61 号

1. 将 61 号花嘴倾斜约 45°，拉出弧形。在挤花瓣过程中，轻微抖动，使花瓣成自然微褶皱状态（如图 1-2）。

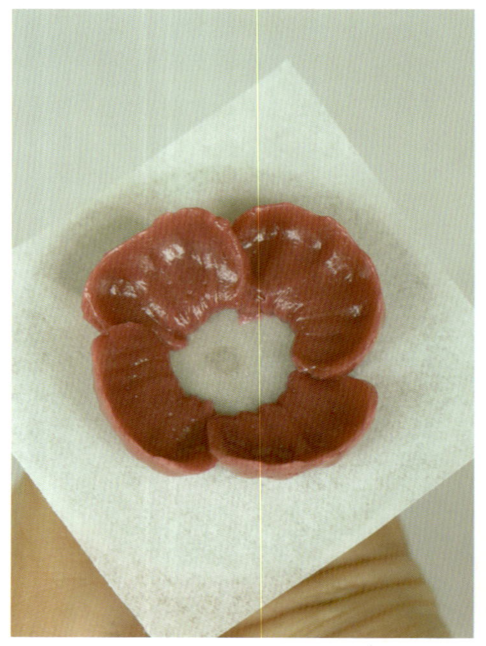

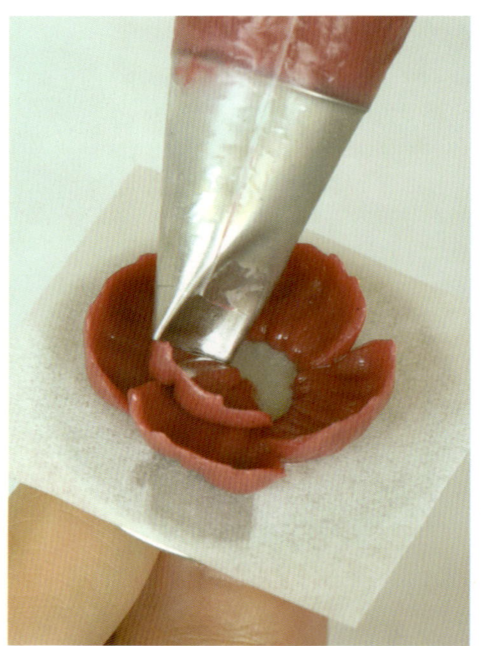

3	4
	5

2. 按步骤 1 的方法，沿顺时针方向，依次将第一层花瓣挤完，一共 4 片。
3. 按步骤 1 的方法挤出第二层花瓣，花嘴微立起一点，长度为第一层花瓣的 1/2，一共 3 片。

6

4. 用黑色奶油霜在花朵中心挤出一个圆形，然后在周围挤出小圆点。

1	2	3
4	5	6

雏菊

花嘴：104 号、1 号

1. 将 104 号花嘴倾斜约 45°，拉出花瓣顶端的小弧形后，花嘴立起一点，略收力，往中心处收尾。（如图 1-3）
2. 按步骤 1 的方法，沿顺时针方向，依次挤出其余花瓣。
3. 将 1 号花嘴垂直于中心，挤出半球形。
4. 在半球上挤出小圆点，做花蕊。

大蓝盆花

花嘴：124 号

1. 把杯子蛋糕表面切平。
2. 蛋糕表面抹上奶油霜。
3. 将 124 号花嘴倾斜约 45°，从中心向外拉出弧形，再回到中心位置，单片花瓣呈心形。
4. 按步骤 1 的方法，沿顺时针方向，依次挤出其余花瓣。
5. 按步骤 1 的方法挤出第二层花瓣，长度为第一层花瓣的 3/4。
6. 第三层花瓣的长度为第二层花瓣的 3/4。
7. 在中心处，用糖珠做花蕊。

1 2 3
4 5 6
7

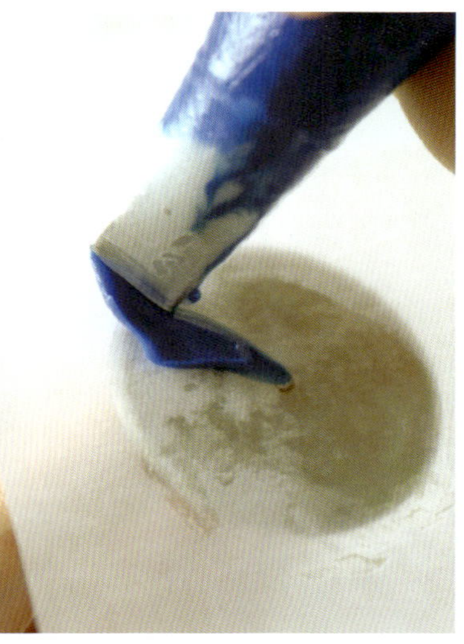

1 2 3

小蓝盆花

花嘴：104 号、81 号 、2 号

1. 将 104 号花嘴倾斜约 45° ，从中心向外拉出弧形，再回到中心位置，单片花瓣呈心形。（如图 1-3）

4	5
6	7

2. 按步骤 1 的方法，沿顺时针方向，依次挤出其余花瓣。（如图 4）

3. 按步骤 1 的方法挤出第二层花瓣，长度比第一层花瓣略短。（如图 5-6）

8 9

4. 第三层花瓣比第二层花瓣略短。（如图 7）
5. 在中心处，用 81 号花嘴垂直挤出直立的弧形，留出花蕊部分。
6. 垂直花嘴，在留出的位置挤出小圆点，做花蕊。

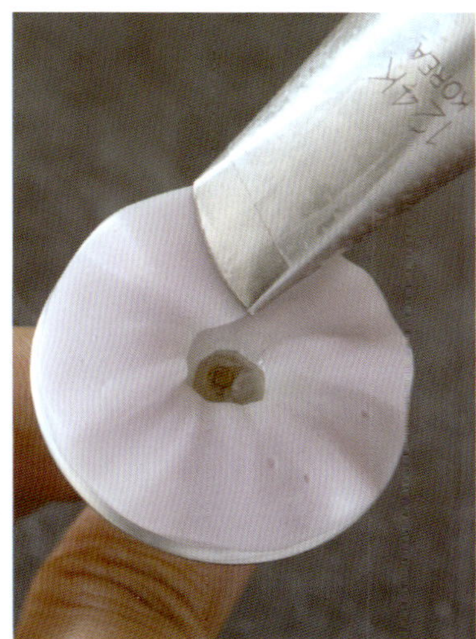

1 2 3

新蓝盆花

花嘴：124k 号、1 号、81 号

1. 将花嘴平放，围绕花钉成环形挤出底托，一般挤 3 ~ 4 层。（如图 1-2）
2. 再将花嘴垂直，从花芯向外推出褶皱状花瓣，花瓣呈不规则状态，最长的花瓣略超出底托。（如图 3-5）

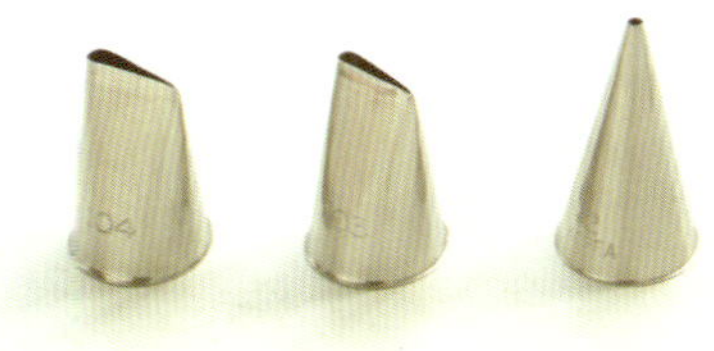

4	5
6	7

8 9

3. 按步骤 2 的方法，依次挤出其余花瓣。（如图 6）
4. 按同样的方法，挤出第二层花瓣，花瓣的长度为第一层的 1/2。（如图 7）
5. 将 81 号花嘴放在花朵中心位置，从花芯向外斜拉出花片，围成环形。在环形中间，挤出其余花片，花片的位置不要太有规律。（如图 8）
6. 用 1 号花嘴，垂直于花片中，挤出小圆点，做花蕊。（如图 9）

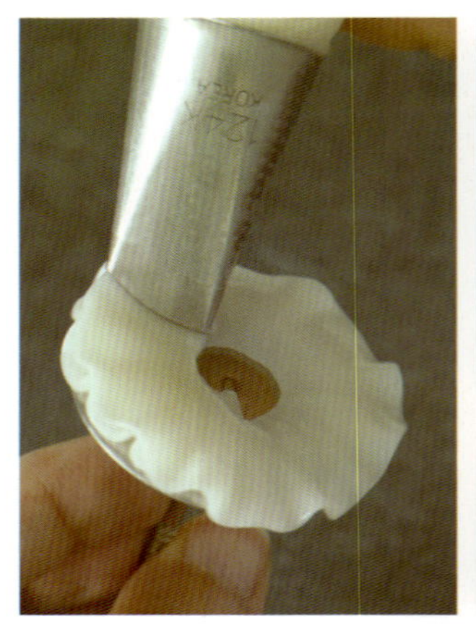

新大丽花

花嘴：124k、2 号、59 号

1. 将花嘴平放，围绕花钉挤出环形底托，一般挤 3-4 层。
2. 再将花嘴垂直，从花芯向外推出褶皱状花瓣，花瓣呈不规则状态，最底层花瓣长度略超出底托。
3. 按同样的方法，挤出第二层花瓣，花瓣的长度为第一层的 1/2。
4. 将 2 号花嘴垂直于花朵中心位置，挤出花蕊。
5. 用 59 号花嘴，于步骤 5 的花蕊周围，垂直挤出小花片。

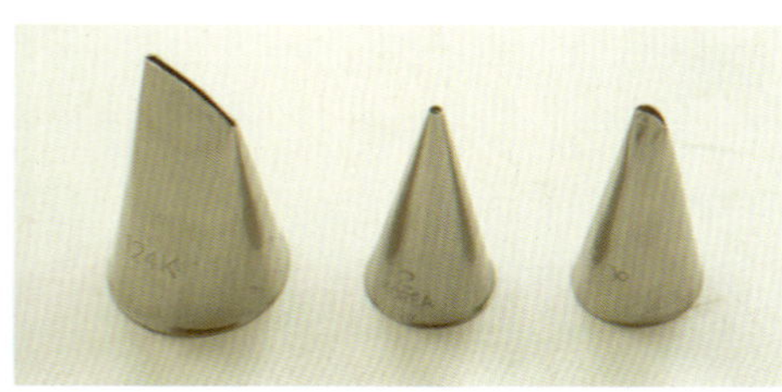

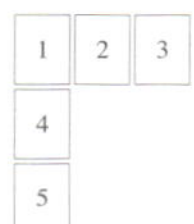

金盏菊

花嘴：103号、3号

1. 将103号花嘴倾斜约45°，从中心向外拉出弧形再回到中心位置。（如下页图1-2）
2. 按步骤1的方法，沿顺时针方向，依次挤出其余花瓣。（如下页图3）
3. 按步骤1的方法挤出第二层花瓣，长度为第一层花瓣的3/4。
4. 第三层花瓣的长度为第二层花瓣的3/4。
5. 在中心处，用1号花嘴挤出三个小球形做花蕊。

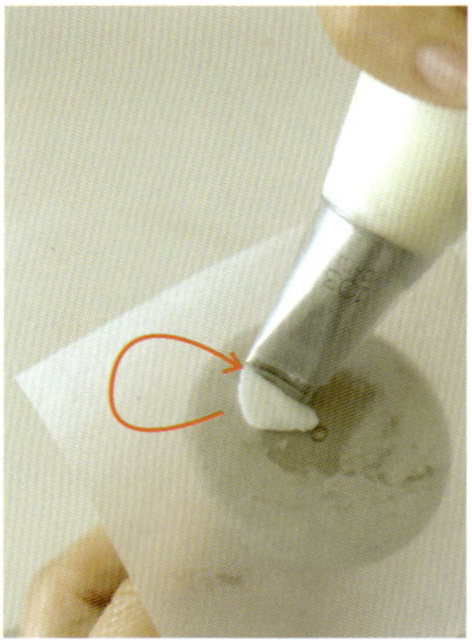

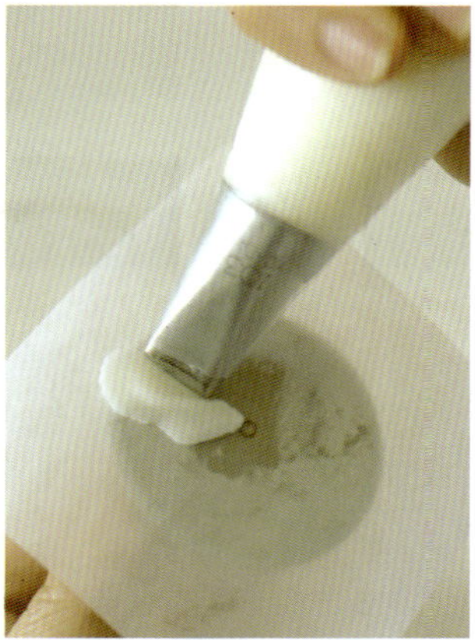

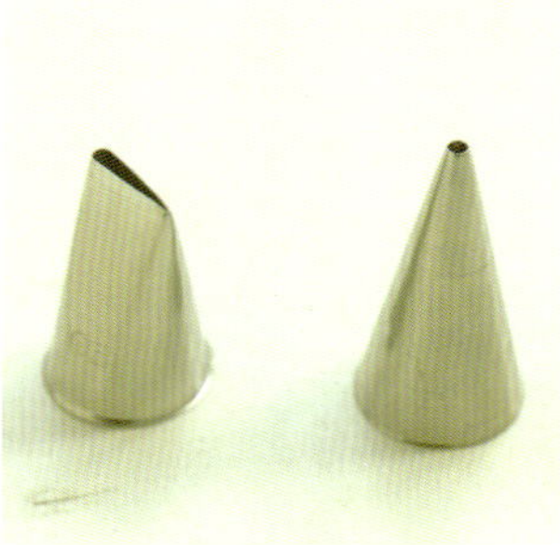

1	2	3
4	5	6
7		

松果

花嘴：104 号

1. 将花嘴平放，小头朝外，围绕花钉挤出两层环形底托，再挤出微量奶油霜填平中心。
2. 将104号花嘴倾斜约45° ，从中心向外拉出弧形再回到中心位置。（如下页图2）
3. 按步骤 1 的方法，沿顺时针方向，依次挤出其余 6 片鳞片。
4. 一般裱五层，果鳞片以 7-6-5-4-2 布局，裱出整个松果。

1
2
3
4
5
6

1	2	3
	4	5

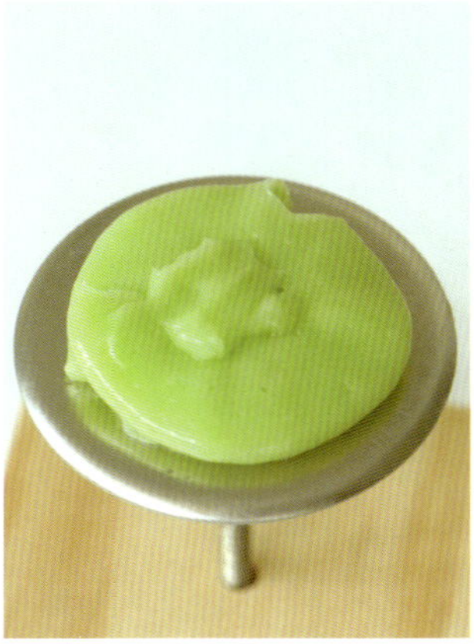

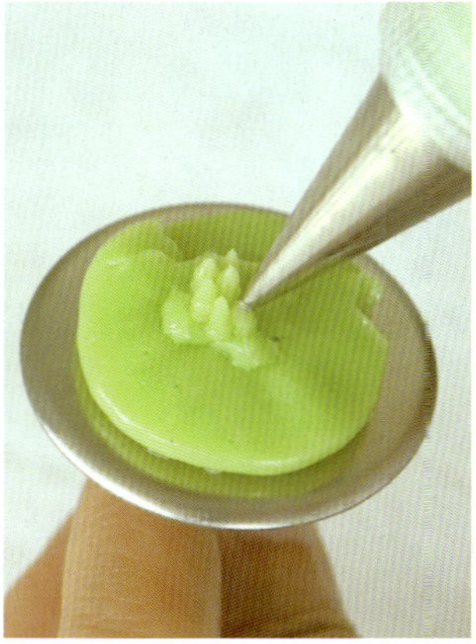

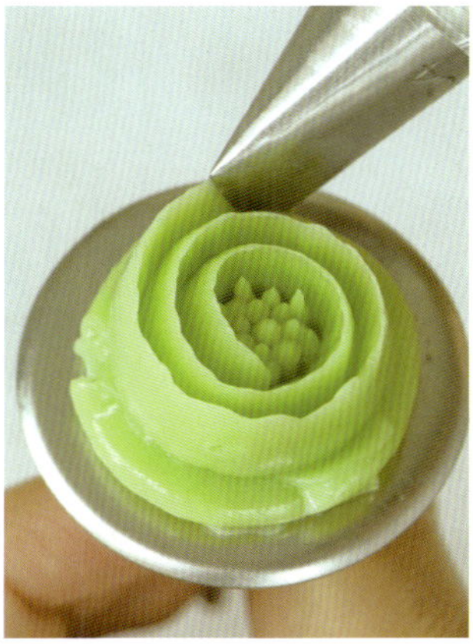

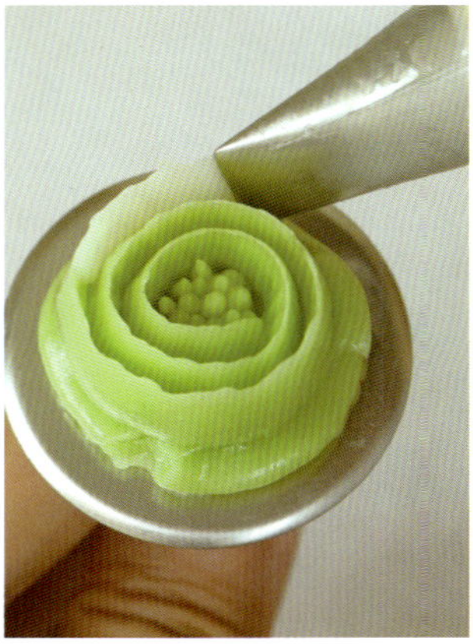

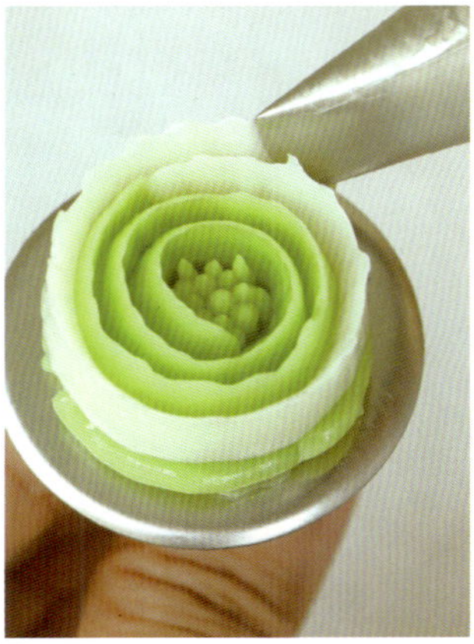

陆莲花

花嘴：104 号、2 号

1. 将花嘴平放，大头朝外，围绕花钉挤出 1~2 层环形底托，挤微量奶油霜填平中心。
2. 用 2 号花嘴，在中心垂直拉出直立的花蕊。
3. 将 104 号花嘴的大头轻抵底托中心，小头朝上，均匀挤出奶油霜，左手轻转花钉，花钉逆时针转动，挤出约两圈半的直立花瓣。（如图 3）
4. 用原色奶油霜按步骤 3 的方法，接前面绿色奶油霜结尾部分，继续挤出 1~2 圈花瓣。（如图 4-5）

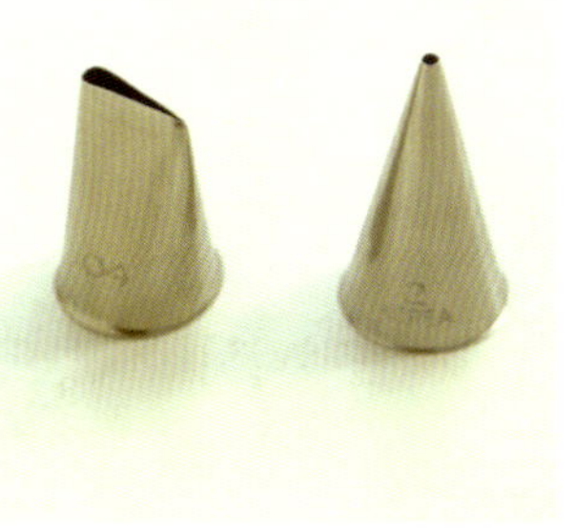

康乃馨

1 2 3

花嘴：韩式手工玫瑰花嘴

有色边的康乃馨如何制作：

1. 用深色奶油霜，在玫瑰花嘴小头一侧的裱花袋里挤一条细边。
2. 装入第二种颜色的奶油霜。
3. 用刮板把步骤 2 的奶油霜推满裱花袋前端。

小贴士：

- 使用前，挤掉最前面部分奶油霜，直到出现有色边的奶油霜即可。

4	5
6	7

8 9

4. 左手持裱花钉，右手将韩式手工玫瑰花嘴垂直于花钉中心挤出半圆形底托。
5. 花嘴小头朝上，大头微微插入底托，挤出缎带状奶油霜，在此过程中，轻微抖动，使花瓣呈不规则褶皱状。
6. 按步骤 2 的方法挤出其余花瓣，花瓣轨迹无规律，最后收尾时整个花朵呈圆形即可。

小贴士：

- 康乃馨花瓣较细碎，裱花走向和褶皱无须太有规律，这样更真实自然。

1 2

大卫奥斯汀

花嘴：124k

1. 将花嘴平放，围绕花钉挤出比花钉小一圈的环形底托，一般挤 3~4 层。用抹刀将底托的边缘和表面修平整，呈圆墩状。（如图 1）
2. 第一部分花瓣：花嘴大头朝下，从底托中心开始，竖着拉出 6~7 片不规则小花瓣，花瓣整体围成圆形，占据底托的 1/2。（如图 2-4）

3. 第二部分花瓣：紧贴内部小花瓣，由外向内，竖着挤出五组花瓣，每组 3 层，包住内层花瓣。每一组从前一组的尾部 1/3 处开始，花瓣呈自然弧形。（如图 5-8）

7	8
9	10

4. 第三部分花瓣：按步骤 3 的方法，挤出第三部分花瓣，每组 3 层，一共五组。（如图 9）

5. 第四部分花瓣：花嘴向外略倾斜，让花朵呈开放状态，一共 7 片。（如图 10）

朱丽叶奥斯汀

花嘴：124k

1. 将花嘴平放，围绕花钉挤出环形底托，一般挤3~4层。用抹刀将底托的边缘和表面修平整，呈圆墩状，与花钉同宽。（如下页图1）

2. 花嘴大头朝下，抵住底托中心点，从中心起步，竖着拉出花瓣，再绕回中心点。（如图 2-3）

3. 按步骤 2 的方法，再挤出 4 片花瓣，花瓣整体从上往下看，形态类似五瓣花。（如图 4）

5 6
7 8

4. 按步骤 1、2、3 的方法，再挤出两层花瓣，一共 3 层。（如图 5-6）

5. 左手轻缓转动花钉，右手均匀用力，由外向内拉出花瓣，略带弧形。挤出第一片花瓣，第一片花瓣长度，建议包住内层花瓣的 1/2。（如图 7）

6. 在第一片花瓣的 1/4 处，按步骤 5 的手法，挤出第二片花瓣。（如图 8）

9	10
11	

7. 按同样的方法，在第二片花瓣的 1/4 处，挤出第三片花瓣，与前两片一起，包围花芯。（如图 9）
8. 第二层花瓣方法相同，一共挤 5 片，花瓣可以有长有短，体现花瓣的自然感。（如图 10）
9. 挤第三层花瓣的时候，花嘴向外略倾斜，让花朵呈开放状态，一共 7 片。（如图 11）

小贴士：

❖ 朱丽叶奥斯汀和大卫奥斯汀均使用中号花钉。

花毛茛

花嘴：61 号

1. 左手持裱花钉，右手将 61 号花嘴垂直于花钉上挤出圆形底托。（如下页图 1）
2. 花嘴小头朝上，大头贴住底托，左手慢慢转动花钉，沿顺时针方向，均匀挤出奶油霜，呈球形。（如下页图 2）
3. 左手轻缓转动花钉，右手均匀用力，往前拉出弧形，挤出第一片花瓣。（如下页图 3）
4. 在第一片花瓣的 1/2 处，按步骤 3 的手法，挤出第二片花瓣。按同样的方法挤出第三片花瓣，与前两片一起，包围花芯。（如下页图 4）
5. 此后，重复步骤 3 的动作，挤出第二层 5 片花瓣。（如下页图 5）
6. 从第三层开始换颜色依次挤出花瓣至结束。（如下页图 6）

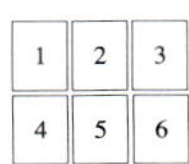
1 2 3
4 5 6

毛茛花蕾

花嘴：61 号

毛茛花蕾的裱花方法，参见 P108 花毛茛的裱花方法，区别在于花蕾的外层花瓣包得更紧一些，而花毛茛的外层花瓣向外一点，呈开放状态。

小毛茛花蕾建议花瓣以 1-3 布局。

大毛茛花蕾建议花瓣以 1-3-4 或 1-3-5 布局。

60°

1 2

小苍兰

花嘴：61 号

1. 左手持裱花钉，右手将 61 号花嘴垂直于花钉上挤出圆形底托。
2. 花嘴小头朝上，大头贴住底托，左手慢慢转动花钉，右手围绕花芯，沿顺时针方向，均匀挤出奶油霜，呈球形。（如图 2-3）

3 4
5

6 7

3. 左手轻缓转动花钉，右手均匀用力，向前拉出弧形，挤出第一片花瓣。（如图 4）
4. 在第一片花瓣的结尾处，按步骤 3 的手法，挤出第二片花瓣。按同样的方法挤出第三片花瓣，与前两片一起，包围花芯。（如图 5）
5. 此后，重复步骤 3 的动作，挤出第二层 4 片花瓣。（如图 6-7）

棉花

花嘴：10号、1号

1. 手持裱花袋，向右倾斜约 45° ，均匀用力，挤出圆形，然后向中心缓慢收力，收尾拉出尖，呈水滴状。
2. 按步骤 1 的方法，依次挤出后四瓣，围成花型。（如图 2）
3. 用 1 号花嘴，从棉花的中心开始，往外拉出短细线。
4. 用 1 号花嘴，从棉花的外围往中心拉出短细线。

小贴士：

❖ 为了打造不同的装饰效果，可在棉花表面撒上椰蓉。

1 2 3

薄雪万年草

1. 取两个裱花袋，分别装入绿色和原色奶油霜，剪一个小口，备用。
2. 用绿色奶油霜，在花钉上挤出两个大小不同的球形。（如图 1）
3. 在步骤 2 上，挤出数个大小不同的小圆球。（如图 2）
4. 用原色奶油霜在每个球形表面挤出小点。（如图 3）

1	2
3	4

滇石莲

花嘴：10 号

1. 在花钉上挤出一个锥形底托。
2. 在步骤 1 之上，均匀挤出小圆球，结尾处注意收力，拉出小尖。

1	2	3

多肉植物

花嘴：352 号

1. 用 352 号花嘴在花钉上挤出一圈叶片，整体呈环形。（如图 1）
2. 按同样的方法，挤出其余 3~4 层叶片。

小贴士：

❖ 叶片没有固定数量，均匀分布即可。

1 2 3

佛珠

花嘴：3 号

1. 用 3 号花嘴在蛋糕上拉出线条。
2. 在线条上挤出圆形小珠，收尾时轻轻拉出小尖。注意用力要均匀。

小贴士：

- 根据佛珠的生长特性，根部的小珠略大，往尖端方向佛珠逐渐变小。

钱串

1	2	3
4	5	6

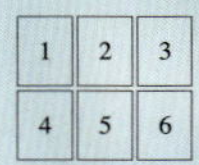

花嘴：104 号

1. 花嘴小头抵住花钉中心点，大头朝外，挤出扇形叶片。
2. 在步骤 1 对面，以同样的方式，挤出相同大小的扇形。
3. 在步骤 1、2 中间空白处，挤出扇形叶片，叶片分布呈十字形，以上为第一层叶片。（如图 3-4）
4. 重复以上步骤，做 3 ~ 4 层叶片，叶片逐层变小。
5. 最上面两层叶片逐渐减少，顶层挤一片略直立的叶片即可。

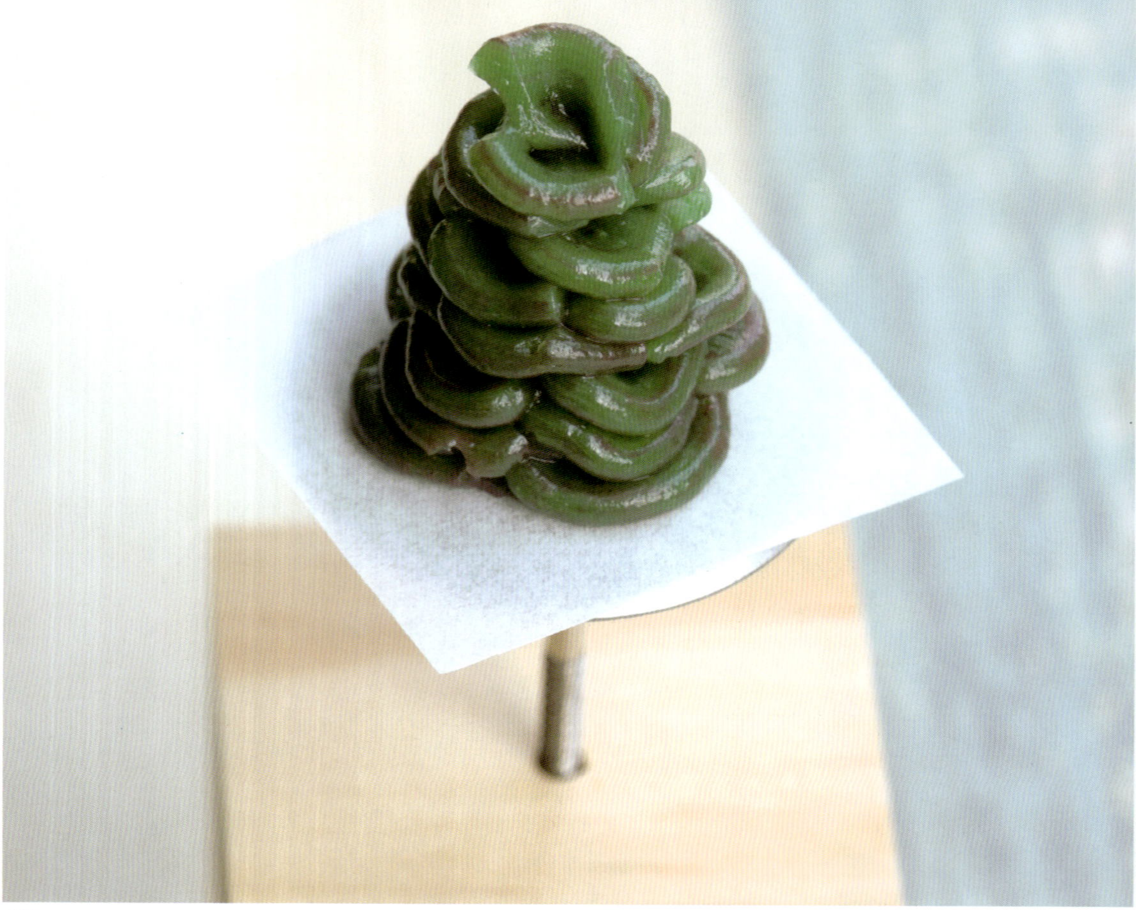

小贴士：

- 可根据设计比例，决定多肉的层数。
- 可根据需要，使用 102–104 号花嘴，制作不同大小的钱串。

山地玫瑰

1	2
3	4

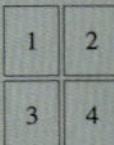

花嘴：104 号

裱花方法与 P37 大玫瑰的方式类似。

1. 裱花袋装上奶油霜，在花钉中心，垂直挤出锥形底托。
2. 花嘴大头朝上，贴住花芯上半部分，左手慢慢转动花钉，右手围绕花芯，沿顺时针方向，均匀用力挤出奶油霜，包围花芯。
3. 左手轻缓转动花钉，右手均匀用力，往前拉出弧形，挤出第一片花瓣。

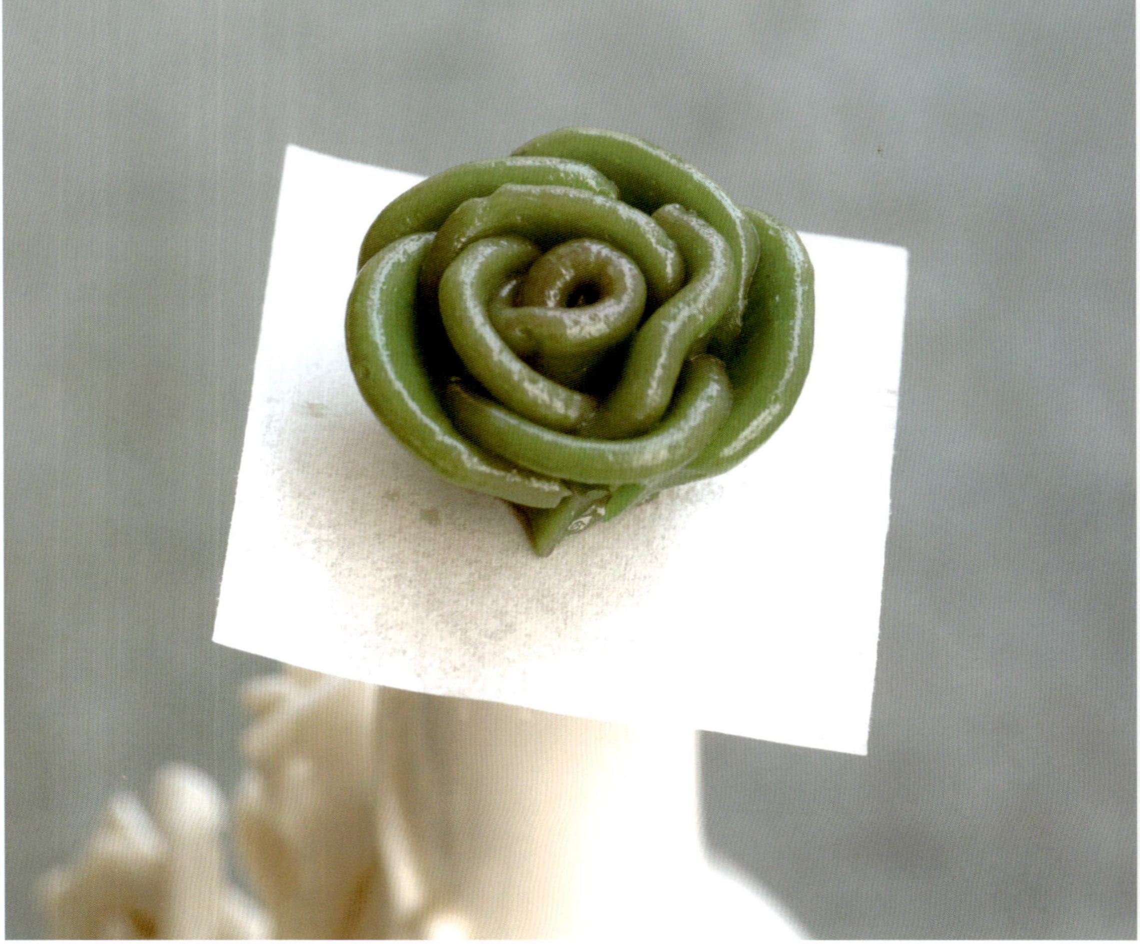

4. 在第一片花瓣的约 1/3 处，按步骤 3 的手法，挤出第二片花瓣。
5. 按同样的方法挤出第三片花瓣，与前两片一起，将花芯包围。（如图 3）
6. 此后，重复步骤 3 的动作，挤出第三层 5 片花瓣。
7. 一般裱三层，叶片以 1-3-5 布局。

1 2

仙人球

花嘴：352 号

1. 取一个杯子蛋糕，修剪成球形。
2. 插上牙签备用。
3. 另取一个杯子蛋糕，在表面涂抹适量奶油霜。（如下页图 3）
4. 在奶油霜表面撒上碾碎的酥性饼干末。

3	4
5	6

5. 将球形蛋糕插到杯子蛋糕上。
6. 裱花袋装上 352 号花嘴和绿色奶油霜。从球形底部往上挤出奶油霜，到顶部中心位置结束。
7. 按步骤 6 的方法，挤满整个球形。

7	8
9	10

8. 在每一条奶油霜的棱上，挤出白色小圆点，做仙人球的刺。

9. 在顶部放上一朵五瓣花。

注意：

五瓣花的做法参见 P60。

覆盆子

花嘴：2号

1. 用2号花嘴，垂直于花钉表面，挤出半球形。
2. 在步骤1之上，均匀挤出小圆球，结尾处注意收力，顶部不要拉太尖。（如图4）

1	2
3	4

小贴士：

❖ 桑葚或同类型的浆果，也可用此方法。

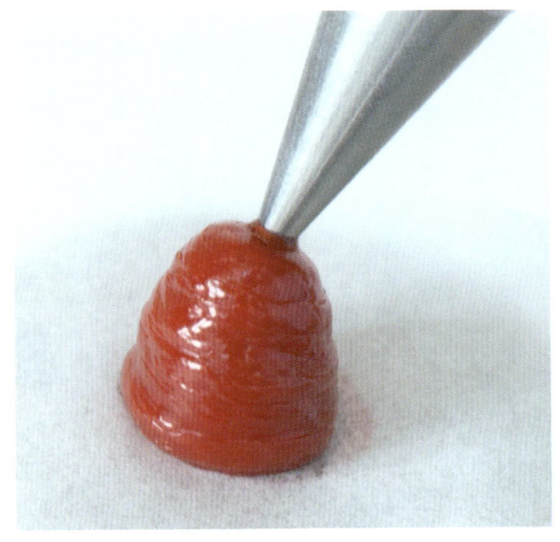

1 2 3

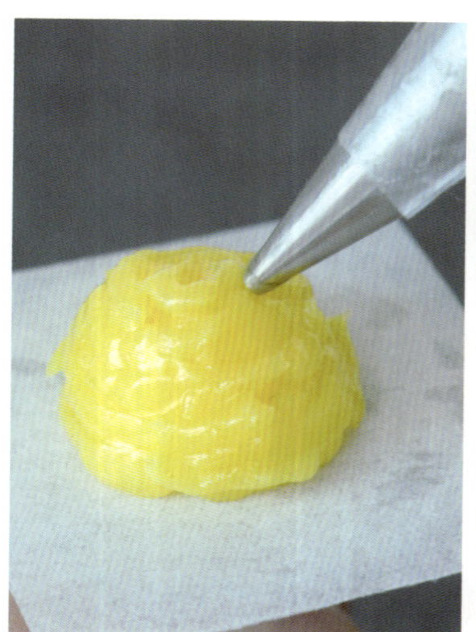

金球

花嘴：2 号

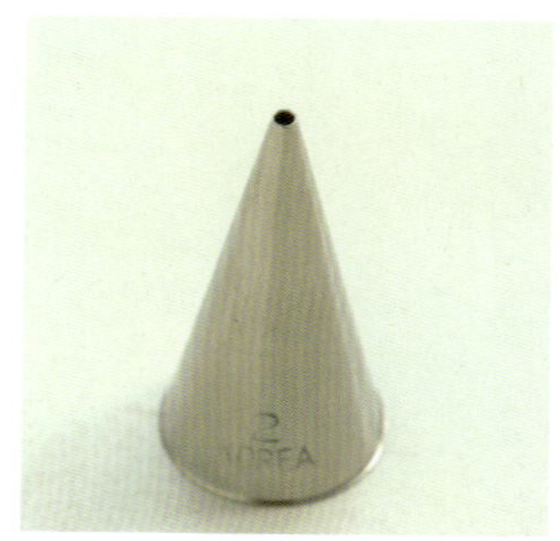

1. 用 2 号花嘴，垂直于花钉表面，挤出半球形。
2. 在步骤 1 之上，均匀挤出小圆球，结尾处注意收力。

向日葵

1	2	3
4	5	6

花嘴：352 号、13 号

1. 将 352 号花嘴向右倾斜约 45°，均匀用力向外挤出绿色奶油霜，缓慢收力，拉出小尖，呈心形状叶片。按此方法挤一整圈，围成圆形。（如下页图 1-3）
2. 按上述的方法，用黄色奶油霜，紧挨第一层叶片，挤出两层黄色花瓣。（如下页图 4、图 5）
3. 垂直 13 号裱花嘴，在花瓣中间空出的圆形处，用咖啡色奶油霜挤出星星花。（如下页图 6）

小贴士：

- 星星花要注意排列紧密，不要露出空隙。
- 也可以在油纸上裱出向日葵花，入冷冻室冻硬之后，转移至蛋糕上。

普通叶片

花嘴：349 号、352 号、65 号、66 号、67 号、68 号、69 号、70 号、104 号、124 号

以上花嘴可以用于叶子造型，根据搭配的需求，选择大小。

The diameter ofa circle is 17cm

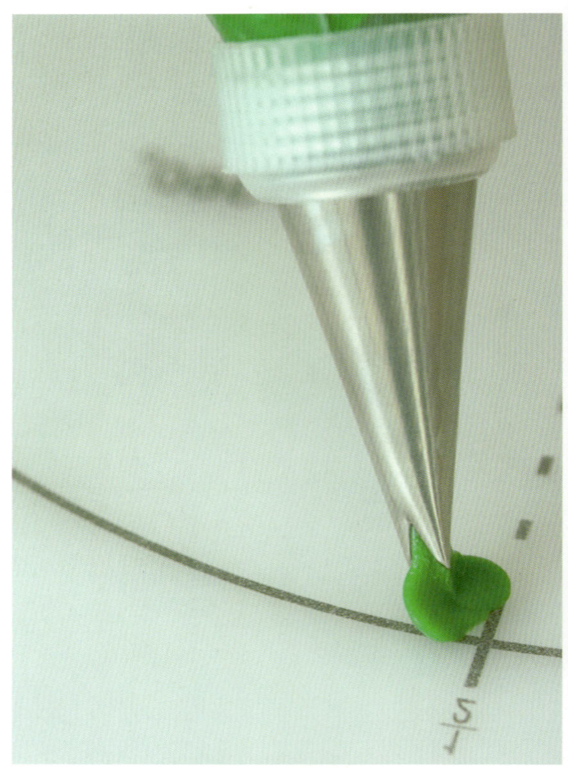

1 2
3

心形叶子

花嘴：349 号或 352 号

花嘴向右倾斜约 45°，均匀用力挤出一节奶油霜后，迅速收力，拉出尖端。

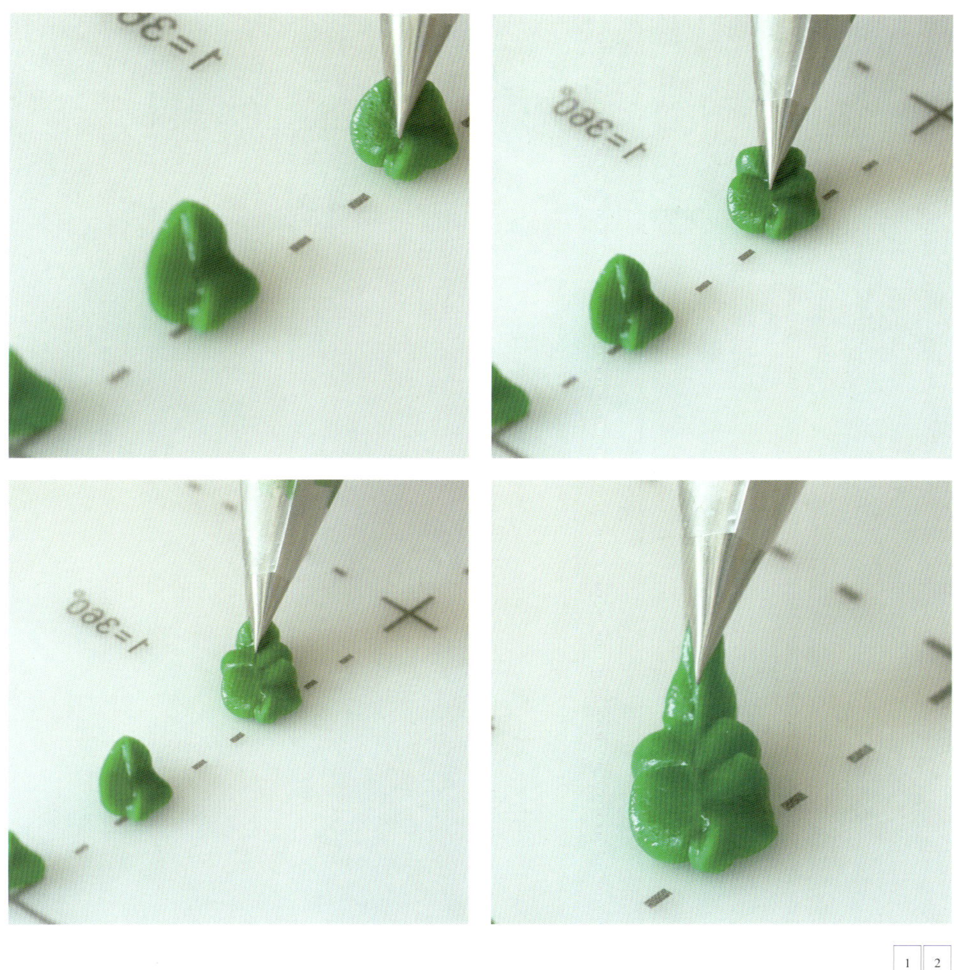

冬青叶

花嘴向右倾斜约 45°，均匀用力挤出一小段奶油霜后，往回收一点，以此方法挤两次，缓缓收力，拉出叶子尖端。（如图 4）

长叶子

花嘴向右倾斜约45°，均匀用力挤出奶油霜，到一定长度后，逐渐收力，拉出尖端。（如图4）

1	2
3	4

海带

花嘴向右倾斜约 45° ，均匀用力挤出一小段奶油霜后，往回收一点，以此方法挤数次，挤到需要的长度之后，缓缓收力，拉出叶子尖端。

1 2 3

U 形叶子

花嘴向右倾斜约 45°，均匀用力地挤出一小段奶油霜后，往回收一点，形成褶子。以此方法挤三四次，挤到需要的长度之后，顶端拐出 180° 的弧度，按前面的方法，继续挤到最后收尾，整个叶片类似“U 形”。

1 2 3

65-70 号花嘴的使用

叶子还可以使用 65 号、66 号、67 号、68 号、69 号、70 号等花嘴制作，根据所需叶片大小选择花嘴。

用 65-70 号花嘴挤心形叶子，可参照 P142 心形叶子的技法。

4 5 6

65-70 号花嘴，也可以挤玫瑰类花朵的叶片，方法类似 P143 冬青叶的技法，只是回收时力度更小，可多抖动几次，只需一点点波纹就可以打造叶片纹理。

花苞

1. 取两个裱花袋，里面分别装上原色奶油霜和橘色奶油霜，在裱花袋顶端剪一小口。
2. 用原色奶油霜挤出球形。
3. 将装有橘色奶油霜裱花袋的小口插入步骤 2 的球形中，挤出奶油霜，直至原色球形奶油霜表面爆裂出橘色，呈花苞状。

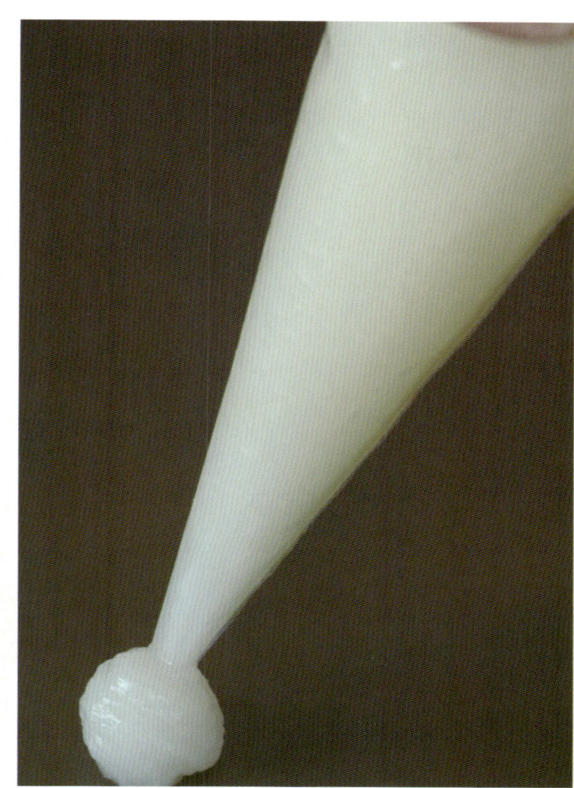

1 2

小贴士：

❖ 挤花苞的奶油霜，可根据需要选择颜色。

花环蛋糕组装方法

1	2
3	4

1. 在需要摆放花朵的地方，挤上奶油霜。
2. 将奶油霜花朵移到蛋糕上。
3. 根据需要，在花朵之间的缝隙处或蛋糕外边上挤上叶子和花苞。

小贴士：

❖ 裱好的奶油霜花朵，用裱花剪移到盘子或垫片上，如果室温太高，不好操作，可在组装前放入冰箱冷冻至硬后，移到蛋糕上。

花束蛋糕组装方法

花嘴：10 号

准备工作：

1. 4 英寸蛋糕体 2 个，6 英寸蛋糕体 1 个。
2. 将 6 英寸蛋糕体，修剪成半圆形。
3. 表面抹上奶油霜。

组装过程：

1. 在 4 英寸蛋糕体表面用深浅两种绿色奶油霜，交替拉出花茎。
2. 放上 6 英寸半圆形蛋糕体。
3. 用裱花剪，将小苍兰移到半圆形蛋糕体上，摆放顺序由中心到四周。
4. 在花朵间隙和半圆的边缘空出来的地方，挤上花苞和叶子。

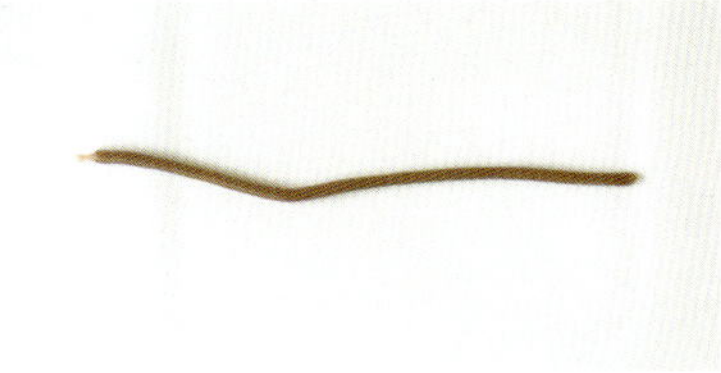

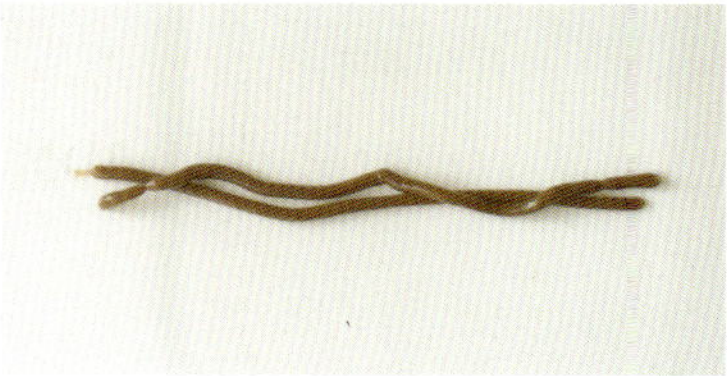

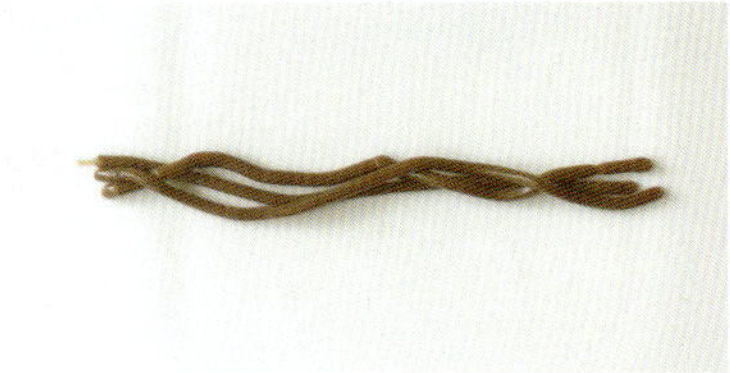

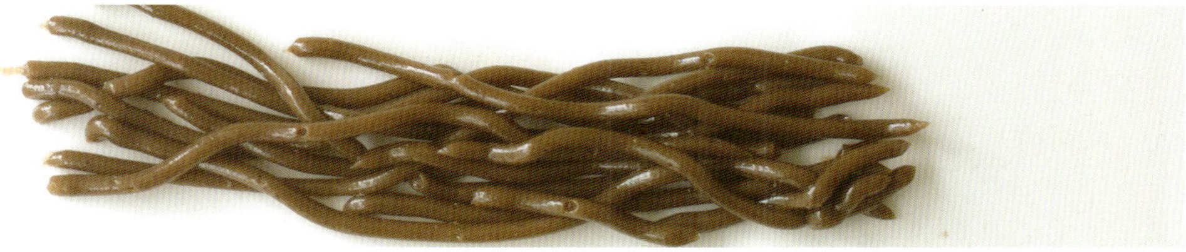

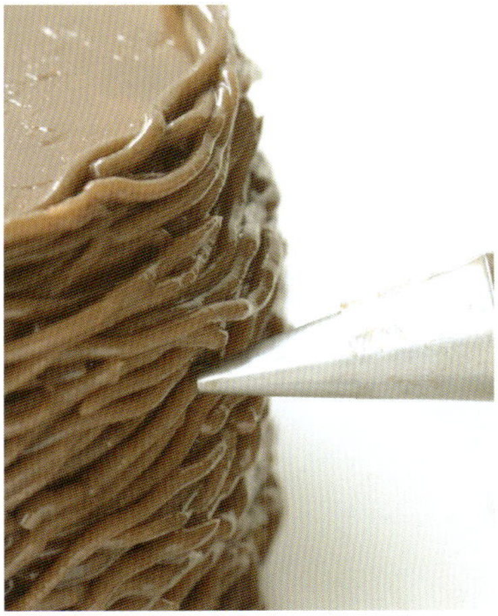

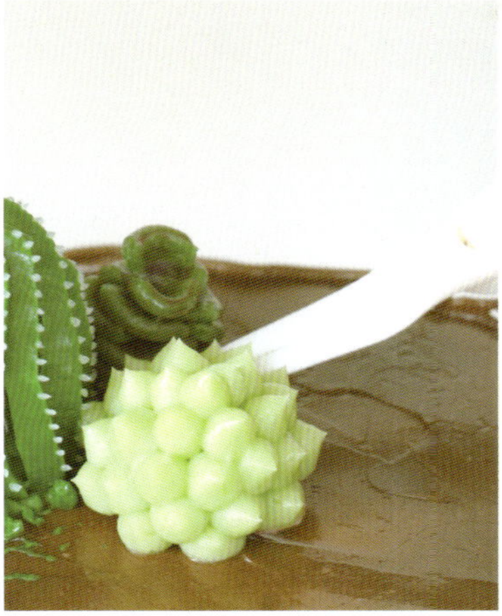

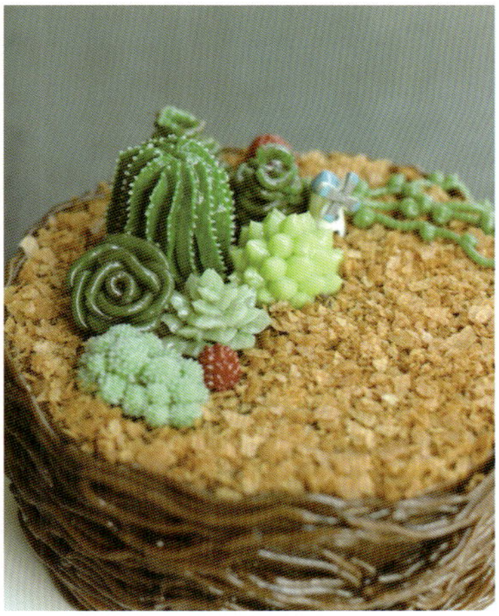

多肉拼盘组装方法

1	2	3
4		
5	6	7

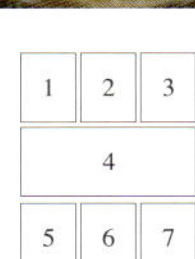

花嘴：4 号

1. 用 4 号花嘴，沿蛋糕体侧面，拉出不规则线条．成品如同鸟巢呈随意自然的形态。
2. 根据整体设计，在蛋糕表面放上裱好的多肉植物。
3. 撒上酥性饼干碎屑。
4. 可根据情况添加佛珠类多肉装饰。

猫咪立体蛋糕

准备工作：

5 英寸蛋糕坯 4 个

4 英寸蛋糕坯 1 个

修剪：

1. 身体：1 个 4 英寸蛋糕坯和 1 个 5 英寸蛋糕坯。
2. 头：2 个 5 英寸蛋糕坯。

3. 耳朵、四肢和尾巴：1 个 5 英寸蛋糕坯。
按图片上各部分的形状，进行粗略修剪。

拼接：

1. 将所有配件拼接在一起，进行精修。
2. 各部件可用牙签固定。

表面处理：

1. 拆掉耳朵、四肢和尾巴，在身体表面抹上奶油霜。

2. 用慕斯围边将表面刮平。
3. 用牙签简单描绘眼睛、鼻子、胡子等的位置。
4. 插上耳朵等配件。
5. 用翻糖膏做出眼睛鼻子并放到相应位置。（也可用奶油霜描绘或转印）
6. 根据猫咪的颜色，用奶油霜刷上其他毛色及花纹。

最后在需要的位置挤上奶油霜，放上花朵，挤好的叶子和小草等装饰即可。

本书是烘焙达人月满西楼联手橦橦烘焙，继畅销著作《我的蛋糕美颜魔法》之后又一力作。

两位作者在本书中生动展示了奶油霜裱花的全套技艺，结合多年来裱花装饰的经验，通过50种花型的裱花方法，数百张示例图片，为读者提供了从工具选择、裱花材料制作、裱花细节技艺到裱花成品精美效果的全部知识。

与前作《我的蛋糕美颜魔法》一样，本书也遵循由浅入深、循序渐进的原则，具有很强的知识性和可操作性，且细节更多样，操作更具体，让烘焙初学者在家也能轻松做出生动精美的花朵蛋糕。

图书在版编目（CIP）数据

我的蛋糕美颜魔法. 2，奶油霜裱花 / 月满西楼，橦橦烘焙著. —北京：机械工业出版社，2018.1

ISBN 978-7-111-59055-2

Ⅰ. ①我… Ⅱ. ①月… ②橦… Ⅲ. ①烘焙-糕点加工 Ⅳ. ①TS213.2

中国版本图书馆CIP数据核字(2018)第018693号

机械工业出版社（北京市百万庄大街22号 邮政编码 100037）

策划编辑：坚喜斌　　责任编辑：丁思檬　刘林澍

责任校对：张　征　　责任印制：常天培

北京联兴盛业印刷股份有限公司印刷

2018年3月第1版第1次印刷

170mm×230mm·10.25印张·117千字

标准书号：ISBN 978-7-111-59055-2

定价：49.00元

凡购本书，如有缺页、倒页、脱页、由本社发行部调换

电话服务

服务咨询热线：010-88361066

读者购书热线：010-68326294

010-88379203

网络服务

机工官网：www.cmpbook.com

机工官博：weibo.com/cmp1952

金 书 网：www.golden-book.com

教育服务网：www.cmpedu.com